KB179009

다윈이 들려주는 진화 이야기

다윈이 들려주는 진화 이야기

ⓒ 김학현, 2010

초　판　1쇄 발행일 | 2005년 7월 29일
개정판　1쇄 발행일 | 2010년 9월 1일
개정판 14쇄 발행일 | 2021년 5월 31일

지은이 | 김학현
펴낸이 | 정은영
펴낸곳 | (주)자음과모음

출판등록 | 2001년 11월 28일 제2001-000259호
주　　소 | 04047 서울시 마포구 양화로6길 49
전　　화 | 편집부 (02)324-2347, 경영지원부 (02)325-6047
팩　　스 | 편집부 (02)324-2348, 경영지원부 (02)2648-1311
e-mail　| jamoteen@jamobook.com

ISBN 978-89-544-2036-5 (44400)

다윈이 들려주는

진화 이야기

| 김학현 지음 |

㈜자음과모음

다윈을 꿈꾸는 청소년을 위한
'진화' 이야기

지구상에 보고된 살아 있는 생물의 종류는 약 180여 만 종이나 된다고 합니다. 그런데 이 수많은 생물 중 우리가 알지 못하는 생물은 생각하지 않더라도, 사람이나 고양이, 개와 같은 동물들은 아주 옛날부터 지금과 똑같은 모습을 하고 있었을까요?

그렇지는 않았을 것입니다. 즉 사람도 그렇고, 모든 생물들이 오랜 세월을 지나면서 어떤 작용에 의해 생존에 좀 더 적합한 쪽으로 발전해 왔을 것입니다.

이와 같이 생존에 적합한 쪽으로 발전해 온 과정을 설명하는 이론이 바로 진화론입니다. 진화에 대한 이론에는 여러 가지가 있지만, 현재 진화론의 토대가 되는 다윈의 진화론을 중심으로 학생들에게 진화에 대하여 흥미롭고 알기 쉽게 이야기하려고 합니다.

사람의 조상이 원숭이인지, 아니면 사람과 원숭이는 같은 조상으로부터 진화해 온 것인지, 아니면 사람과 원숭이는 원래 다른 조상으로부터 진화해 온 것인지, 생물의 진화를 공부해 보면 밝혀낼 수 있을 것 같지 않나요?

이 책을 읽고 생명의 다양성과 단일성, 용불용설과 자연선택설, 유전자풀, 종의 기원 등 진화의 근거와 의미, 그리고 과학적인 기본 원리를 이해할 수 있다면 인류를 포함한 생물의 과거와 미래에 얽힌 커다란 비밀들을 밝혀낼 수 있을지도 모릅니다.

아무쪼록 진화론의 정립에 지대한 공헌을 했던 다윈의 진화론과 그 주변의 매우 흥미로운 이야기들을 다윈이 직접 가르치는 수업을 통해 알아 가길 바랍니다. 또 이 책을 통해 과학적으로 생각하는 힘과 창의적인 능력을 한껏 키우고, 과학자로서의 꿈을 키울 수 있기를 마음속 깊이 바랍니다.

끝으로 책을 예쁘게 만들어 준 (주)자음과모음의 강병철 사장님과 편집부 여러분께 깊은 감사를 드립니다.

김 학 현

차례

생명의 다양성과 단일성

생물은 다양하면서도 서로 비슷한 점들이 있어요.
생물의 다양성과 단일성의 뜻에 대하여 알아봅시다.

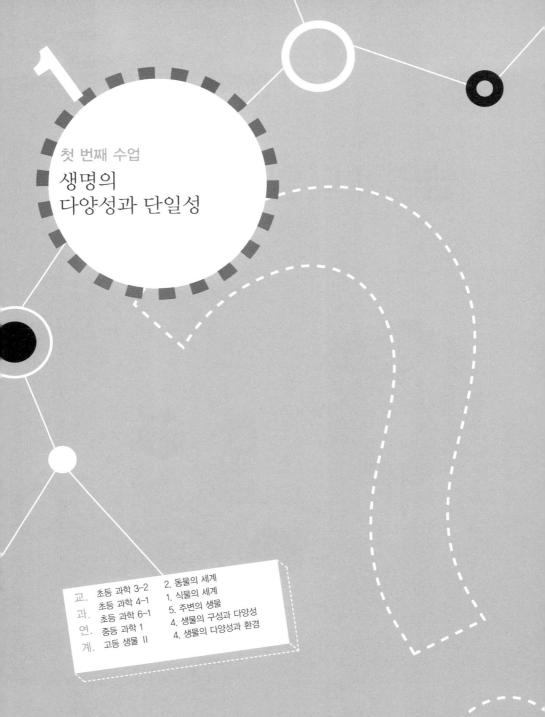

1

첫 번째 수업

생명의
다양성과 단일성

다윈이 자신을 소개하며
첫 번째 수업을 시작했다.

베스트셀러가 된 《종의 기원》

안녕하세요? 반갑습니다. 나는 《종의 기원》을 쓴 찰스 다
윈입니다. 내가 《종의 기원》을 쓴 것이 1859년이었으니 벌써
151년이 지났군요. 그동안 세상은 정말 많이 바뀐 것 같습니
다. 거리도, 사람도, 자연도……. 아니, 모든 것이 달라졌다
는 게 옳겠습니다.

여기로 오는 길에 잠시 서점에 들렀습니다. 서점도 많이 달
라졌더군요. 서점도 진화했다고 할까요, 하하하! 서점 크기

도 엄청났지만, 그 속에 진열된 책의 양도 방대하더군요. 그 많은 책을 누가 다 읽는지…….

물론 서점에서 책만 파는 것도 아니고 CD, 문구류, 심지어 빵과 아이스크림도 팔더군요. 이것은 내겐 아주 흥미로운 점이었습니다. 왜냐고요? 그것이 바로 서점의 진화를 말해 주는 것일 수도 있으니까요.

서점에 있는 그 많은 책들을 보며 내가 궁금했던 것은 '생물학에 관련된 책들로 어떤 것이 있을까?', '생물학 책에는 어떤 내용이 담겨 있을까?' 뭐 이런 것이었습니다만, 그중에서도 가장 궁금했던 것은 과연 '내가 쓴 책《종의 기원》은 지금까지 팔리고 있을까?'였지요. 반갑게도 아직 팔리고 있더군요.

사실 처음 출간되었을 때부터 《종의 기원》은 베스트셀러였지요. 첫해에 3,800부가 팔렸으니까요. 물론 그 후로도 계속 스테디셀러로 자리매김하여 내가 죽을 때까지 영국에서만 2만 7,000부 이상 팔렸습니다.

사실 여러분은 죽을 때까지 고작 2만 7,000부 팔린 것을 베스트셀러니 뭐니 말하는 것이 우습기도 할 것입니다만, 그 당시는 인구도 적고 책을 읽는 독자층도 제한되어 있었기 때문에 이 정도 팔린 것은 대단한 것이었습니다. 물론 더 대단한 것은 《종의 기원》이 지금도 꾸준히 팔리고 있다는 것입니다.

나는 지금부터 7번의 수업을 통해 여러분과 함께 진화와 진화설에 대해서 이야기할 것입니다. 물론 주어진 시간이 짧기 때문에 진화와 진화설에 대한 모든 것을 여러분과 함께 나누기는 어려울 것입니다.

그래서 몇 가지 주제를 선정하여 여러분과 함께 생각해 보는 시간을 가져야겠다고 생각했습니다. 오늘은 우선 생물의 종류와 이들 사이의 단일성에 대해서 여러분이 얼마나 아는지 확인해 보고, 이를 기초로 이야기를 풀어 나가도록 하겠습니다.

자, 먼저 여러분이 얼마나 많은 생물을 알고 있는지를 확인하고 싶습니다. 여러분이 알고 있는 생물을 한번 손으로 꼽아 볼까요? 생물은 여러 가지로 구분하고 나눌 수 있습니다만, 여기서는 편의상 여러분이 익숙한 대로 동물, 식물, 미생물로 말해 보기로 하죠.

동물 이름 :

식물 이름 :

미생물 이름 :

170여 만이나 되는 종의 수

먼저 동물부터 꼽아 봅시다. 지금부터 약 5분의 시간을 줄테니 아는 대로 한번 적어 보세요. 여러분이 어디를 가든 쉽게 볼 수 있는 개, 돼지, 소, 닭이나 동물원에서 만날 수 있는 침팬지, 원숭이, 사자, 호랑이, 코끼리, 노루 등 20~30여 종은 어렵지 않게 떠올릴 수 있을 겁니다.

여기서 조금 더 생각해 본다면 여러 종류의 벌레나 곤충이 생각날 것입니다. 개미, 베짱이, 메뚜기, 무당벌레, 풀무치, 여치, 잠자리……. 아마 거미를 꼽는 사람도 있겠지요. 조금 더 생각해 보면 물속에 사는 동물도 떠오를 것입니다. 돌고래, 미꾸라지, 고래, 잉어, 금붕어, 고등어, 참치, 상어, 납자루, 쉬리, 가시고기, 동사리, 갈겨니……. 사실 납자루나 쉬리, 갈겨니, 동사리를 말한다면 대단히 많은 물고기를 알고 있는 사람입니다.

여기서 한 번 더 생각해 보면 짚신벌레, 아메바, 유글레나, 나팔벌레 같은 단세포 생물도 말할 수 있을 겁니다. 물론 이런 단세포 생물은 동물이라 하지 않고 원생생물이라고 하기도 합니다만 여기서는 그냥 동물과 식물, 미생물로 구분하기로 했으니 그냥 동물이라고 하겠습니다.

여러 가지 동물

자, 그럼 여러분이 적거나 말한 동물의 가짓수가 100종 정도 됩니까?

　만약 100종 정도의 동물을 말했다면 그 사람은 동물 이름을 제법 많이 알고 있다고 할 수 있을 것입니다. 50종 이상 말했다면 보통이고, 그 이하라면 동물에 대해서 별로 관심이 없는 사람일 것입니다.

　그럼, 이제 식물에 대해서 말해 봅시다. 소나무, 참나무, 전나무, 잣나무, 오동나무, 향나무, 벚나무, 가시나무, 단풍나무, 사시나무, 느티나무, 밤나무 등 우리가 주변에서 흔히 볼 수 있는 나무들을 우선 꼽을 수 있지요.

　막힐 듯하면서 여러 종류의 과일 나무들이 떠오릅니다. 사과나무, 배나무, 복숭아나무……. 이어서 딸기, 시금치, 파, 콩, 쑥갓, 고추, 담배, 깨 등과 같은 채소와 잔디, 강아지풀, 난초, 돼지풀, 엉겅퀴, 연 등이 떠오르고 제비꽃, 피나무, 개나리, 진달래, 달래, 냉이, 씀바귀, 장미, 국화, 민들레 등이 떠오르고 나면 아마도 막막할지도 모르겠습니다.

　혹시 국수나무, 떡갈나무, 신갈나무, 자작나무도 언급할 수 있겠지요. 가로수를 유심히 본 사람이면 플라타너스, 가중나무, 은행나무를 말할 수도 있고요. 고사리, 솔이끼, 우산이끼, 미역, 다시마, 김 등을 말하는 사람도 있을 겁니다.

여러 가지 식물

아무튼 모두 다 합쳐서 100종 이상을 말했다면 보통이 넘는다고 봐야 할 겁니다. 50종 이하이면 식물에 대해서 별반 관심이 없는 사람일 거고요.

미생물은 어떨까요? 미생물은 정말 익숙하지 않지요. 눈에 보이지도 않고, 대장균이나 효모 하나 달랑 말하고 나면 곰팡이 정도가 남죠. 아마 10여 종 이상 말할 수 있으면 많이 아는 사람에 낄 것입니다. 그러고 보니 여러분이 생각해 낸 생물은 많은 사람이 대략 200종 이상, 조금 부족한 사람은 100종 정도일 것 같습니다.

여러분, 실제 지금 지구상에 사는 생물 종의 수는 얼마나 될까요? 1,000종? 아니 1만 종? 조금 더 많이 잡아서 10만 종……? 그것보다도 많을까요? 아무리 많아도 100만 종을 넘을 수 있을까요?

실제는 어떨까요? 보고된 것만 180만 종이 넘는다고 알려져 있습니다. 보고되지 않은 것까지 합하면 1,000만 ~ 1억 종에 이를 것입니다.

그러나 누구도 그 수를 정확히 헤아릴 수 없을 테고, 또한 지상에 생물이 몇 종인지를 정확히 알아내는 것은 사실 쉽지 않은 일입니다.

그런데 생물의 종 수는 알려진 종보다 알려지지 않은 종, 앞으로 발견될 종의 수가 훨씬 더 많답니다.

어디 그뿐입니까? 그동안 지상에 살다가 멸종한 종은 또 얼마나 됩니까? 이렇게 생각해 본다면 우리가 평생 동안 하루에 한 종씩 불러도 지상의 모든 종을 부르지 못할 만큼 생물의 종은 엄청나게 많은 거지요.

여러분! 이렇게 많은 다양한 종이 어떻게 해서 생겨났을까요? 무엇이 이렇게 다양한 종을 만들어 냈을까요?

자연을 연구하는 사람이라면 또 하나 놀라는 것이 있습니다. 그것은 바로 생물과 생물 사이의 유사성입니다. 서로 아주 가까운 종 사이에는 유사한 점이 있다는 것은 놀라운 것이 아닙니다만, 아주 거리가 먼 것처럼 생각되는 종 사이에 그런 유사성이 발견된다면 이건 그냥 흘려 버릴 수 없지요.

가장 하등하다고 여겨지는 대장균부터 짚신벌레, 버섯, 옥수수, 버들치, 고래, 토끼, 악어, 독수리, 침팬지, 사람에 이르기까지 모든 생물은 세포로 이루어져 있고, 이들은 모두 생명체를 유지하기 위해 물질을 합성하고 분해하는 유사한 과정으로 생명을 지속합니다.

거의 유사한 생화학 과정이 이들 생물을 이루는 세포에서 똑같이 일어나고, 또한 이에 참여하는 효소(단백질로 이루어졌음)도 거의 같습니다. 심지어 이에 관여하는 특정한 단백질

을 암호화하는 사람의 유전자는 초파리나 쥐, 유인원의 유전자와 거의 차이가 없습니다. 또한 이들 생물이 한 세대에서 다음 세대로 유전 정보를 전달하는 방법도 차이가 거의 없습니다.

그런데 유사성의 예가 눈에 보이지 않는 단백질과 유전 현상이니 이해하기에 조금 어려울 수 있습니다. 그럼 이런 예를 들지요. 가령 고래의 가슴지느러미, 박쥐의 날개, 고양이의 앞다리는 모두 우리 팔의 뼈와 같은 방식으로 배열되어 있지요. 하는 일이나 기능은 다르나 해부학적으로 같은 구조로 되어 있어 이들을 보통 상동 기관이라고 합니다. 기능이 다른데 유사한 뼈의 구조를 갖는다는 것은 대단히 흥미롭지요.

또 이런 예도 있습니다. 가령 척추동물의 경우 배가 발생할 때의 모습을 비교해 보면 매우 유사해서 이것이 토끼가 될 것인지, 사자가 될 것인지, 악어가 될 것인지, 악어새가 될 것인지, 물고기가 될 것인지, 황새가 될 것인지 구분하기가 매우 어렵다는 점입니다. 과학적으로 생각해 볼 때 이런 생물의 유사성이나 공통성을 어떻게 설명할 수 있을까요? 아마도 이들 공통성은 서로 다른 생물들이 서로 관련되어 있기 때문에 그럴 것이라고 생각해 볼 수 있습니다. 그렇다면 어떻게 관련이 된다는 말일까요?

생물의 다양성과 이런 다양한 생물들이 가지는 공통성 혹은 단일성은 이를 발견한 사람들을 매우 놀라게 했습니다. 그리고 많은 학자들이 이에 대한 답을 구하려고 시도했습니다. 그리고 그들 대부분은 얼마 전까지, 불과 150년 전까지 그 명확한 답을 제시하지 못하거나 엉뚱한 곳에서 해답을 구해 왔습니다.

어떻게 이런 다양성과 그들 속에서의 단일성이 가능할까요? 답은 진화입니다.

자! 그럼 이번 시간은 생명의 다양성과 단일성에 관한 이야기로 마무리하고, 다음 시간에 다시 만나도록 하겠습니다.

철수야, 이 아이스크림 먹고 싶지? 만약 지구상에 사는 생물 이름을 다 대면 줄게!

지상에 사는 생물들? 가만, 생각 좀 해 보고. 고양이, 개, 코끼리, 타조, 제비, 고래….

하하, 그건 어려울 것 같군요. 실제 지구상에 사는 생물은 동물, 식물, 미생물까지 해서 약 10억 종이라고 알려져 있거든요. 또 아직 알려지지 않은 종들까지 하면 아마 상상을 초월하겠죠?

그…그렇게 많아요?

많은 건 알았지만 그 정도일 줄은 몰랐어요.

더 놀라운 건 바로 생물과 생물 사이의 유사성이죠. 가까운 종 사이는 말할 것도 없고 아주 거리가 먼 것처럼 생각되는 종 사이에도 유사성이 발견된다는 사실이지요.

그래요?

유사성이라면 어떤 점을 말하는 건가요?

모든 생물은 유사한 과정으로 생명을 지속하고, 세포에서 거의 유사한 생화학 과정이 일어나며, 다음 세대로 유전 정보를 전달하는 방법이 거의 같죠.

우린 모두 세포로 이루어져 있고, 생명을 유지해.

예를 들면 고래 앞지느러미, 박쥐 날개, 고양이 앞다리는 모두 우리 팔뼈와 같이 배열되어 있어요. 또 척추동물은 초기 배가 발생할 때의 모습이 매우 유사해서 어떤 동물이 될 것인지 구분하기가 매우 어렵습니다.

와, 그건 정말 신기하네요. 무슨 이유가 있나요?

고래   사람   고양이   박쥐

글쎄요. 이런 생물의 다양성과 공통성 혹은 단일성은 내가 주장한 진화론을 알게 되면 어느 정도 답이 보일 겁니다.

진화론이요? 좀 더 얘기해 주세요!

2

진화의 증거

'진화는 가설'이라고 말하는 사람들이 있습니다.
진화의 흔적을 통해 진화의 증거를 찾을 수 있는데,
생물들이 어떻게 진화해 왔는지 알아봅시다.

두 번째 수업

진화의 증거

다윈이 진화의 증거에 대한 이야기로
두 번째 수업을 시작했다.

진화는 가설이다?

진화에 대해 본격적으로 이야기 보따리를 풀기 전에 오늘
은 진화의 증거에 대해 먼저 이야기해 볼까 합니다. 사실 핸
드폰의 진화, 시계의 진화, 자동차의 진화 등 진화란 용어의
쓰임이 많아지면서 진화에 대한 이해도 무척 넓어진 것 같습
니다. 또한 세상의 모든 것은 계속 변화한다는 데 많은 사람
들이 동의합니다만, 진화를 말할 때 '진화는 가설이다'라고
말하는 사람들도 많이 있는 것 같습니다. 즉 확실한 증거가

아무것도 없다고 말하죠. 이것은 바로 지금 이 자리에 앉아 있는 학생 여러분을 대상으로 물어보아도 그렇게 답하는 사람이 반 이상일 것이라고 생각됩니다.

진화가 가설이다……. 여러분! 그런데 가설이란 과연 무엇일까요? 갑자기 질문을 하니 답하기 어렵겠지만, 곧 여러분은 '가설이란 어떤 사실이나 현상에 대한 임시적 설명이나 가정'이라고 답할 수 있을 것입니다. 가설이란 아직 입증되지 않은 것이니까요. 그래서 가설은 실험이나 관찰을 통해서 지지되거나 배격될 수 있으며, 더 복잡한 추론이나 설명을 제안하기 위해 사용될 수 있습니다.

'진화가 가설이다'라고 주장하는 사람은 대체로 '진화는 확실한 증거가 아무것도 없다'라고 생각하는 사람들입니다. 그런데 진화는 과연 확실한 것이 아무것도 없을까요? 다시 말해 진화는 증거가 없을까요?

진화의 흔적들

조금 이상하게 들릴지 모르겠지만, 나는 지금 이 자리에서도 많은 진화의 증거를 봅니다. 이 교실을 한번 살펴보겠습

니다. 여러분, 천장을 한번 보세요.

이 교실은 냉난방이 아주 잘되어 있습니다. 천장형 냉난방기가 중앙에 달려 있는 것이 보이죠? 성능 좋은 냉난방기가 천장에 달려 있으니 여름에는 시원하게, 겨울에는 따뜻하게 공부할 수 있겠습니다.

그런데 잘 보세요. 그 옆에 달려 있는 것은 무엇입니까? 선풍기죠. 모두 2대의 선풍기가 달려 있군요. 이런 성능 좋은 냉난방기가 작동하고 있는데 과연 선풍기를 쓸까요? 내가 보기에 저 선풍기는 냉난방기가 설치된 이후 단 한 번도 작동하지 않은 것 같습니다. 증거가 있느냐고요?

여러분, 이 천장에 달린 냉난방기의 스위치는 어디 있는지 모두 잘 아시겠지만 이 선풍기를 작동하는 스위치는 어디 있는지 아시는 분, 손들어 보세요. 없으시죠? 이것이 선풍기를 쓰지 않고 있다는 증거입니다. 그리고 저 날개에 있는 거미

줄이 또 하나의 증거입니다. 아마도 저 선풍기는 저렇게 먼지가 쌓여 가다가 녹이 슬어 도저히 방치할 수 없는 상태가 되면 관리실의 아저씨들이 떼어 낼 것이라고 생각됩니다. 그러면 그 자리에 선풍기가 달렸던 흔적이 남겠죠.

자! 이번엔 벽을 한번 보세요. 저 벽에 박힌 못은 뭔가요? 내 생각엔 아마도 예전에 저기에 무엇인가를 걸었던 것 같습니다. 지금은 못만 박혀 있지만 말입니다. 이쪽을 보세요. 여기엔 못이 빠진 자국만 남아 있군요. 그리고 이 앞을 보세요. 이 강의실 앞에는 컴퓨터와 모니터, 천장에 연결된 빔 프로젝트, 그리고 앰프를 위한 전선이 멀티 탭에 꽂혀 있군요. 저 뒤의 세면대도 그렇고요. 저 세면대는 벽에다 구멍을 뚫어서 수도와 하수도관을 뺀 흔적이 역력하군요. 구멍 주위에 금이 간 것 보이시죠. 시멘트로 마무리한 것도 깔끔한 것 같지는 않군요.

이것이 바로 진화의 증거입니다. 물론 이것은 생물의 진화가 아니라, 이 강의실의 진화입니다. 이 강의실에 선풍기를 달았고, 이어서 냉난방기를 설치했습니다. 아마 처음엔 이 강의실에 컴퓨터나 빔 프로젝트를 설치할 것까지 생각한 것은 아니었던 모양입니다. 수도 시설도 마찬가지이고요. 이렇게 강의실이 진화하다 보니 여러 가지 진화의 흔적을 남긴 것입니다. 이래서 진화는 리모델링이라고 누가 그러더군요.

강의실에서처럼 진화의 증거는 도처에 널려 있습니다. 선풍기나 벽에 난 저 못 자국처럼, 진화는 완벽한 과정이 아니기에 환경의 변화에 따라 어떤 구조는 쓰이지 않더라도 남아 있는 경우가 있어 이를 흔적 기관이라 합니다.

오늘날 모든 생물체는 각각 독립적으로 창조되었다면 설명할 수 없는, 이와 같은 이상한 부분과 불완전한 부분을 갖고 있습니다. 이는 조상들이 갖고 있던 어떤 상태로부터 다른 부분들은 변화했는데, 이 부분만은 남은 것이라고밖에는 설명할 길이 없는 부분입니다.

여러분 몸에 있는 꼬리뼈나 충수도 옛날에는 중요한 어떤 역할을 했겠지만 지금은 어디에도 쓸모없는 흔적 기관인 것입니다. 일부 뱀들과 고래에서도 공통 조상에서 유래한 다리뼈와 골반이 흔적 기관으로 남아 있고, 말에는 발가락에서 끝나지 않는 2개의 작은 다리뼈가 흔적 기관으로 남아 있습니다.

못 자국이 강의실이 진화해 왔다는 것을 말해 주듯 이들은 모두 생물이 진화해 왔음을 말해 줍니다.

그러면 좀 더 체계적으로 진화의 증거를 다루어 보겠습니다. 내가 《종의 기원》에서도 강조한 바 있지만 많은 농작물과

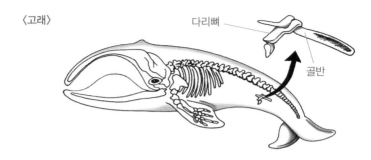

〈고래〉

다리뼈

골반

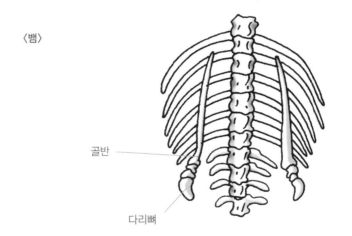

〈뱀〉

골반

다리뼈

고래와 뱀은 아무 쓸모도 없는 다리뼈와 골반을 흔적 기관으로 가지고 있다.

가축이 교배를 통해 개량되어 왔습니다. 기적의 볍씨라 불리며 한국에서 춘궁기를 몰아내었다고 말해지는 통일벼를 개발하거나 육질이 좋은 식용 한우를 개발하고, 질 좋은 우유를 더 많이 생산하는 젖소를 개발하는 것을 우리는 보아 왔고 앞으로도 많이 보게 될 것입니다. 이것은 벼의 진화이고, 소의 진화입니다.

또한 갈라파고스핀치의 부리 모양이 기후와 먹이에 따라 달라지고, 산업화로 오염된 맨체스터 지방에서 흰 나방이 사라지고 검은 나방이 대부분을 차지한 것, 항생제에 내성을 갖는 수많은 박테리아 변종이 생성된 것도 생물 진화의 사례입니다.

이렇게 짧은 기간 동안에 발생한 작은 유전적 변화는 매우 다양한 사례가 있습니다. 위에 언급한 것은 모두 진화와 진화의 증거입니다.

다만 이렇게 다시 반문할 사람이 있을 것입니다. '그러나 이런 작은 변화가 축적되어 새로운 종이 탄생한 증거가 없지 않는가?' 라고 말입니다. 과연 그럴까요?

화석을 통한 진화의 증거

우리는 진화의 증거를 화석에서 찾아볼 수 있습니다. 화석은 고생물의 유해나 흔적이 퇴적물에 매몰된 채 발견되거나 지상에 그대로 보존되어 남아 있는 것을 말합니다. 그 수는 지금까지 발견된 것이 30만 종가량 됩니다. 화석의 기록은 비록 불완전하기는 합니다만 앞으로 추가적으로 발견된다 할지라도 바뀔 것 같지 않은 몇 가지 흥미로운 내용을 보여줍니다.

그 첫 번째, 매우 규칙적이라는 점입니다.

즉, 특별한 생물체가 특정 연대의 암석에서 발견되며 새로운 생물체가 더 최근의 암석에 순서적으로 발견된다는 것이지요.

두 번째, 고대 지질 시대에서 현재로 올수록 화석종이 현생종과 점점 더 많이 닮게 된다는 점입니다.

이런 화석상의 사례는 육상 포유류로부터 걸어 다니는 고래란 의미의 암불로케투스 등 몇 가지의 중간 단계를 거쳐 진화한 고래, 뛰어다니는 조그만 공룡으로부터 진화한 조류, 파충류를 조상으로 둔 포유류, 지난 400만 년 동안 뇌의 용적이 3배가 된 인간 등 많은 예를 들 수 있습니다.

고래가 5천만 년 전 발이 달린 육상 포유류로부터 진화해 온 경로를 보여 주는 일련의 화석을 살펴봅시다. 고래와 육상 포유류 간의 중간 단계의 화석은 고래가 수중 생활에 적응하게 되고, 그들이 뒷다리를 잃게 되는 중요한 변화를 보여 줍니다.

아주 흥미로운 점은 고래는 다리를 발달시킬 수 있는 유전적 잠재력을 아직도 가지고 있어 가끔 작은 뒷다리를 가진 고래가 발견되기까지 합니다.

모든 화석에 중간형이 존재한다고는 할 수 없지만, 고래의 사례에서 볼 수 있는 것처럼 중간형은 충분히 많이 존재하고 갈수록 더 많이 발견되고 있습니다.

내가 《종의 기원》을 쓰고 나서 1871년 인간의 진화에 대해 쓴 《인간의 유래와 성의 선택》에서 인간과 원숭이를 비교한

메소니키드
5,500만 년 전

암불로케투스
5,200만 년 전

로도케투스
4,600만 년 전

바실로사우르스
4,200만 년 전

적이 있습니다. 당시에는 인간의 과거에 대한 자료가 거의 없었기 때문에 내가 말할 수 있었던 것은 인간과 원숭이를 비교해 보면 몸의 각 부분에 상응하는 뼈들이 거의 똑같고, 인간의 태아는 성장하면서 고릴라나 침팬지의 태아와 거의 같은 단계를 거치다가 나중에 서로 갈라지기 시작해서 다른 모습이 된다는 점이었습니다. 이렇게 비슷한 것으로 보아 나는 인간과 원숭이는 까마득한 옛날 같은 조상에서 갈라져 나온 것으로 보인다고 주장했지요.

당시에 나의 주장은 근거 없는 것으로 치부될 수도 있었습니다. 그러나 얼마 뒤, 1900년대 초 에티오피아에서 발견된 아르디피테쿠스 라미두스(Ardipithecus ramidus)의 화석은 내 생각이 잘못된 것이 아님을 보여 주었습니다. 이 화석은 인간과 원숭이의 잃어버린 고리, 바로 그 분기점 부근에 자리 잡고 있습니다.

이 화석은 원숭이와 비슷하지만 침팬지보다는 인간에 더 가까운 특징을 가지고 있습니다. 가령 입을 다물면 윗니와 아랫니가 인간처럼 맞습니다. 척추는 인간의 척추처럼 두개골 아래쪽에 연결되어 있지요.

그러나 동시에 이 화석은 침팬지처럼 얇은 에나멜질에 싸인, 거대한 송곳니가 달려 있어서 고기나 질긴 식물성 먹이를 많이 먹지는 못했을 겁니다. 아마 현재의 침팬지처럼 부드러운 과일이나 연한 잎만을 먹었을 것으로 추정됩니다.

이런 사례는 화석상의 기록이 완벽하지는 않지만(사실 역사적 기록치고 다큐멘터리 필름처럼 완전하게 보여 주는 것이 얼마나 될까요?) 고생물학자들의 노력에 의해 중간 단계의 종들에 해당하는 훌륭한 예를 많이 찾아내었고, 이들이 적절한 시대 순에 따라 그들의 조상과 그들과는 아주 달라진 후손을 연결해 줌으로써, 진화가 일어난 사실을 분명하게 보여 준다고 할 수 있을 겁니다.

세 번째, 좀 간접적이긴 하지만 어디서나 볼 수 있는 증거가 있습니다.

현존하는 종의 구조를 비교하는 비교 해부학은 진화적 관계에 대한 중요한 정보를 제공합니다. 그중의 하나인 흔적 기관에 대해서는 이미 언급한 바 있습니다.

흔적 기관 외에도 사람의 팔, 고래의 가슴지느러미, 박쥐의 날개, 새의 날개, 말의 앞다리는 그 골격 구조가 동일하지만 이들의 기능은 전혀 다릅니다. 가령 고래의 가슴지느러미는 박쥐의 날개와 전혀 다른 역할을 합니다.

따라서 이들 구조가 각기 다른 기능을 수행하도록 따로따로 만들어졌다면, 이들의 기본 구조는 매우 다른 형태가 되어야 할 것입니다. 그러나 모든 포유류가 동일한 공통 조상에서 유래되었다면 이들 구조가 가지는 유사성은 놀라운 것이 아닐 것입니다.

이렇게 동일한 기관에서 유래되어 그 구조가 비슷한 것을 상동 기관이라고 합니다. 또한 포유류의 중이(가운데귀)의 뼈들도 고대 물고기의 턱뼈를 받치는 뼈에서 유래되었다고 하며 현재도 이와 유사한 기능이 하등 척추동물에서 관찰된다고 합니다.

상동 기관과 달리 유사한 환경에 적응하면서 서로 다른 종 간에 독립적으로 진화해 왔지만 비슷하게 된 구조인 상사 기관도 많이 발견됩니다. 가령 새와 곤충의 날개가 기능은 비슷하지만 새의 날개는 척추동물의 앞다리뼈가 변한 것이고, 곤충의 날개는 몸체를 덮고 있던 큐티클(각피) 층이 자란 것입니다.

상동 기관과 상사 기관은 하나하나의 생물이 독립적으로 창조된 것이 아니라, 어떤 기능을 수행하도록 만들어졌던 구조가 새로운 기능을 갖도록 변화하는 과정을 잘 보여줍니다. 그래서 앞에 언급한 강의실의 진화에서 우리가 느낄 수 있는 것처럼 진화를 '리모델링의 과정이다'라고 말하는 것입니다.

네 번째, 진화적으로 연관되어 있는 개체들은 배 발생 과정

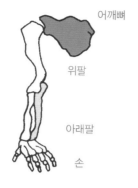

어깨뼈

위팔

아래팔

손

① 사람(팔)

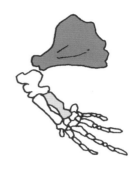

② 고래(가슴지느러미)

③ 박쥐(날개)

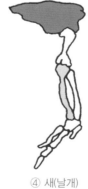

④ 새(날개)

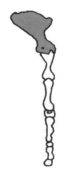

⑤ 말(앞다리)

상동 기관

이 매우 유사합니다.

척추동물이 공통 조상에서 유래했다는 증거 중의 하나는 척추동물 모두 배 발생기에 목 옆에 아가미 틈을 지닌다는 사실입니다. 이 시기의 물고기, 개구리, 뱀, 새, 유인원 등 척추동물의 모습은 매우 유사하지만 발생이 진행됨에 따라 모습이 조금씩 달라집니다.

오른쪽 페이지에 나오는 그림은 헤켈이 개, 박쥐, 토끼, 사람 배의 발육 3단계를 나타낸 것입니다. 헤켈은 이 그림을 제시하며 '각 개체는 그것이 발육하는 동안 그 종의 모든 진화과정을 거친다' 혹은 '개체 발생은 개통 발생을 반복한다'는 진화 재연설을 주장한 바 있습니다. 헤켈의 진화 재연설은

과학자의 비밀노트

헤켈(Ernst Haeckel, 1834~1919)
독일 포츠담에서 태어난 생물학자이며 철학자이다. 그는 일찍이 다윈의 진화론에 동조하여 그 보급에 노력하였다. 이런 이유로 그의 자연철학 사상은 유물론적 일원론이었고, 당시의 생물학계·사상계에도 많은 영향을 끼쳤다. 1866년 제창한 '생물의 개체 발생은 그 계통 발생을 되풀이한다'는 유명한 생물 발생 법칙도 이 사상을 반영하고 있다.
　　같은 해에 환경과의 관계에서의 생물학을 생태학(ecology)이라고 명명하였다. 저서로는 《일반형태학》, 《인류의 발생》, 《종교와 과학의 매체로서의 일원론》 등 다수가 있다.

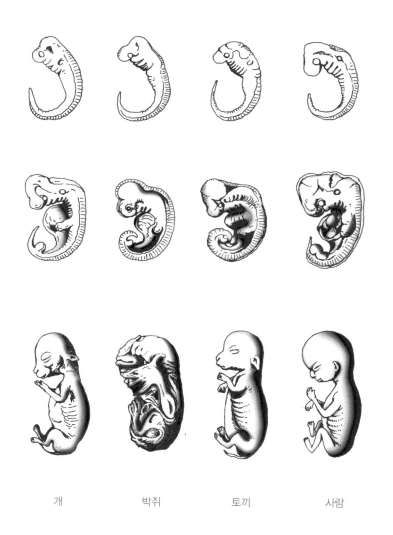

개   박쥐   토끼   사람

배의 발육 3단계

제7차 교육 과정에 들어서며 대부분의 교과서에서 빠졌지만 일부 교과서에 아직 남아 있고 거의 모든 참고서에 정설처럼 소개되고 있습니다.

그러나 이것은 아주 잘못된 것입니다. 이 설은 이미 내가 살았던 150년 전에도 불신되었을 뿐 아니라 현재의 대부분의 생물학자들 역시 신빙성을 의심하고 있어 대부분의 외국 교과서에서는 빠져 있는 내용입니다. 어떤 한 생물도 그 성체 조상의 진화적 순서를 반복하는 경우는 없습니다.

이 배들이 초기에는 유사하다가 마지막 단계에서 구별되는 것은 그들이 진화하는 동안 돌연변이가 일어나 그들 사이에서 변화를 일으켰고, 이 돌연변이가 나중에 작용하는 경향이 있기 때문이라고 해석해야 할 것입니다.

마지막으로, 최근 진화에 대한 증거가 분자 생물학 분야에서 쏟아져 나오고 있습니다. 가령 박테리아로부터 원생생물, 미생물, 동물, 식물 할 것 없이 모든 유전 정보가 동일하다는 것은 모든 생물이 서로 연관되어 있다는 것을 강하게 시사합니다. 또한 생물의 유전 정보는 모두 DNA라는 분자에 수록되어 있고, DNA상의 유전 정보는 단백질의 형태로 발현됩니다. 분자 생물학 연구를 통해 얻은 결과는 서로 연관된 생물 종 간의 DNA나 단백질은 유연 관계가 적은 생물 종보다 유사하다는 사실을 보여 줍니다.

가령 포유류에서 산소 운반을 담당하는 헤모글로빈 단백질의 아미노산 서열을 분석해 보면 그 서열은 종마다 조금씩 다릅니다. 예를 들어 붉은털원숭이와 사람은 8개의 아미노산이 다르고, 쥐와 닭, 개구리로 가면서 많은 차이가 나타나고 칠성장어에 이르면 125개의 아미노산이 다릅니다.

유연 관계(생물의 분류에서, 발생 계통 가운데 어느 정도 가까운가를 나타내는 관계)가 가까우면 차이가 적고, 유연 관계가 멀면 아미노산 서열의 차이가 많습니다. 세포 호흡에 관여하는 단백

종	사람 사이토크롬 C와 서로 다른 아미노산의 개수
침팬지	0
붉은털원숭이	1
토끼	9
소	10
비둘기	12
황소개구리	20
초파리	24
맥아	37
효모	42

아미노산 서열로 본 진화적 유연 관계

질인 사이토크롬 C의 아미노산 서열을 분석해 본 결과도 헤모글로빈 단백질의 서열 분석과 같은 결과를 보여줍니다. 진핵 생물에 있어서 104개의 아미노산 중 20개가 동일한 위치에 동일한 아미노산으로 구성되었지만, 가까운 종일수록 사이토크롬 C의 아미노산 서열은 매우 유사함을 보여주었고, 특히 사람과 침팬지의 서열은 똑같았습니다. 이와 같은 아미노산 서열의 차이는 비교 해부학이나 발생학 연구에서 얻은 결과와 놀랄 정도로 일치됩니다.

호메오 유전자에 관한 연구는 생물 종 간의 유연성을 보여주는 또 다른 증거입니다. 과학자들은 초파리나 포유류같이 매우 다른 생물 종이 갖는 호메오 유전자들이 매우 유사한 것을 발견하였습니다. 생물학자들은 거의 대부분의 진핵 생물이 배 발생시 이와 유사한 조절 유전자를 가질 것으로 추정합

과학자의 비밀노트

호메오 유전자

대개는 몸의 축을 형성하는 유전자와 신체 분절을 형성하는 유전자의 단백질 산물들은 다음에 발현될 유전자를 결정하며. 이러한 유전인자들을 호메오 유전자라고 한다. 이것들은 차례로 각 분절이 몸의 어떤 부분이 될 것이지를 결정하게 된다.

니다. 즉, 모든 진핵 생물은 공통 조상에서 유래했다는 너무나 논리적인 결과가 나옵니다.

이와 같은 진화의 증거는 진화가 가설이 아니라 하나의 사실임을 말해 줍니다. 진화를 부정하는 생물학자는 내가 아는 한 없습니다. 왜냐하면 이것은 너무나 명백한 사실이기 때문입니다. 다만 이를 설명할 진화설이 요구되는 것입니다.

나는 길을 걸으면서도, 영화를 보면서도, 음악을 들으면서도, 언제 어디서나 항상 진화의 증거를 봅니다.

진화론에 관해 듣고 싶다고 했죠? 그럼 생물이 진화를 했다고 생각한 증거는 무엇인지 아나요?

그…글쎄요. 증거라니요? 우리가 탐정도 아닌데….

이 연구실은 지금은 에어컨이나 온열기로 냉난방을 하지만, 저기 선풍기 자국과 못 자국을 보면 전엔 선풍기가 달려 있었다는 것을 알 수 있죠?

그거야 흔적이 있으니까 누구나 알 수 있는 것 아닌가요?

바로 그겁니다. 물론 이것은 생물의 진화가 아니라, 이 강의실의 냉난방 시설의 진화이지만요. 즉 이 연구실엔 선풍기가 있었지만 냉난방기가 생겨 선풍기를 떼버린 것을 흔적으로 알 수 있습니다.

이처럼 환경 변화에 따라 어떤 구조는 쓰이지 않더라도 남아 있는 경우가 있는데 이를 흔적 기관이라 합니다. 마찬가지로 생물체도 이런 흔적 기관들을 찾아볼 수 있답니다.

정말이요?

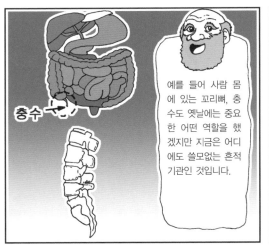

충수

예를 들어 사람 몸에 있는 꼬리뼈, 충수도 옛날에는 중요한 어떤 역할을 했겠지만 지금은 어디에도 쓸모없는 흔적 기관인 것입니다.

일부 뱀과 고래에서도 공통 조상에서 유래한 다리뼈와 골반이, 말에는 발가락에서 끝나지 않는 2개의 작은 다리뼈가 흔적 기관으로 남아 있어요. 모두 생물이 진화해 왔음을 말해 주는 증거인 것이죠.

아~, 내 꼬리뼈도 흔적 기관이구나!

3

기린의 목은
어떻게 길어졌는가?

진화는 어떻게 일어날까요?
라마르크의 용불용설과 다윈의 자연선택설에 대해 알아봅시다.

3

세 번째 수업

기린의 목은
어떻게 길어졌는가?

다윈이 라마르크의
용불용설에 대한 이야기로
세 번째 수업을 시작했다.

라마르크의 용불용설

안녕하세요. 이번 시간이 '진화의 증거'에 이어서 세 번째
수업이네요. 이번 시간에는 어떻게 진화가 일어나는지에 대
하여, 즉 진화설에 대해서 구체적으로 말하고자 합니다. 진
화가 어떻게 일어나는지에 대한 설명은 진화라는 사실에 기
초해야 하므로 창세기에 나타난 대로 창조자가 모든 생물 종
을 현재의 모양대로 창조했다고 믿었던 중세에는 감히 엄두
조차 내기 힘든 생각이었습니다.

그러다 1800년대 프랑스의 박물학자인 라마르크가 화석과
현존하는 생물의 다양성을 설명할 수 있는 가장 훌륭한 방법
은 생명체의 진화라며, 사용하는 기관은 유전하고 사용하지
않는 기관은 퇴화한다는 용불용설을 주장했습니다.

　　그는 기린의 목이 길어진 이유를 자신의 학설로 다음과 같
이 설명하였습니다.

　　원래 기린의 목은 지금처럼 길지 않았다. 목이 짧은 기린이 나뭇가
지에 달려 있는 나뭇잎을 따 먹기 위해 계속 목을 뻗으려 애쓰다

과학자의 비밀노트

라마르크(Jean-Baptiste Lamarck, 1744~1829)
북프랑스의 귀족 가문에서 태어난 박물학자이자 진화론자이다. 20대에 식물원
견학에서 자극을 받아 의학과 식물학을 공부하고 《프랑스 식물지》를 출간하여
유명해졌다. 그후 동물학, 화석과 지질학 등을 연구하면서 서서히 진화 사상을
가지게 되었다.
그는 생명이 맨 처음 무기물에서 가장 단순한 형태의 유기물로 변화되어 형성
된다는 자연발생설을 역설하면서 이것이 필연적으로 여러 기관을 발달시키고
진화시켜 왔다고 주장하였다. 또, 진화에서 환경의 영향을 중시하고 습성의 영
향에 의한 용불용설을 제창하였다. 이것은 획득 형질 유전론으로서, 용불
용설의 핵심을 이루는 것이라고 생각하는 사람도 있다. 그의 진화론은 당
시 학계의 주류를 이루고 있던 퀴비에의 천변지이설로부터 비판을 받아
인정되지 않았다.

보니 기린의 목은 점점 길어지게 되었고, 이 형질이 자손에게 전달되어 현재 모든 기린은 목이 길게 되었다.

그러나 이 설명에는 치명적인 약점이 있습니다. 아버지가 열심히 공부해서 영어 단어를 외운다고 아들이 영어 박사로 태어나는 것이 아니고, 헬스클럽에서 열심히 아령을 든다고 알통이 튀어나온 아들이 태어나지는 않는다는 것이죠. 즉 기린이 목을 죽 뻗으려 애쓰다 보면 기린의 목이 조금 길어질 수도 있습니다. 그렇다고 그렇게 얻어진 형질이 자손에게 전달되지는 않습니다. 이를 '획득 형질(생물이 후천적인 환경 요인이나 훈련에 의하여 변화한 성질)은 유전되지 않는다'라고 하지요.

라마르크는 종 불변설에 대한 믿음이 확고하던 시기에 선구적으로 생물의 진화를 주장하였다는 점에 대단히 중요한 의미를 갖지만, 획득 형질의 유전에 의존해서 진화를 설명하였기에, 지금은 그의 용불용설을 받아들이는 사람이 없습니다.

다윈의 자연선택설

나 역시 라마르크의 영향을 크게 받았습니다만, 내가 설명하는 진화의 과정은 라마르크와 다릅니다. 라마르크가 기린의 예를 들었듯이 나도 기린을 예로 들어 설명하겠습니다.

예전에 기린 집단에는 목이 긴 기린도 있었고 목이 짧은 기린도 있었습니다. 물론 목이 긴 기린이라도 지금처럼 목이 긴 기린은 아니었지요. 다양한 목의 길이를 갖는 기린 중에서 조금이라도 목이 긴 기린(그 목의 길이 차이가 1cm에 불과하다 할지라도)은 목이 짧은 기린에 비해 높은 곳에 달려 있는 나뭇잎을 따먹기에 유리할 겁니다. 물론 '1cm가량의 이점'이겠지만 말입니다.

1cm의 이점이 얼마나 대단한지는 여러분이 직접 확인할 수 있습니다. 이 강의실 창밖의 벚나무에 버찌가 달려 있는 것이 보입니까? 그 버찌를 따기 위해서 손을 뻗어 봅시다. 어떤 경우는 1cm가 아니라 1mm가 부족해서 따 먹지 못하는 버찌가 있을 겁니다. 이런 이점 때문에 조금 더 목이 긴 기린은 더 많은 나뭇잎을 따 먹고 더 튼튼히 자랄 겁니다.

이 기린은 튼튼하게 자랐기에 더 많은 후손을 낳을 기회가 주어질 것이고, 이 목이 긴 기린의 형질을 물려받은 후손은 어버이와 마찬가지로 목이 짧은 기린보다 유리하여 역시 더 튼튼히 자라고, 또 더 많은 후손을 낳게 될 것입니다. 이런 과정이 반복되어 오랜 시간이 지나면 결국 기린 집단은 '1cm가량의 이점'을 가지는 목이 긴 기린으로 이루어지게 될 것입니다.

__그 기린은 1cm가량의 다른 기린보다 길지 모르지만 지금처럼 긴 기린은 아니지 않나요?

맞습니다. 하지만 1cm 길어진 기린 집단에 다시 변이가 생깁니다. 이 변이는 더 목이 길어질 수도 있고 짧아질 수도 있습니다.

만약 목의 길이가 짧아지는 변이가 생겼다면 그 기린은 불리한 형질을 가졌으므로 도태될 것이고, 다시 조금 더 목의 길이가 긴 새로운 변이가 생겼다면 그 형질을 가진 기린은 선택될 것입니다. 그래서 기린의 목 길이는 1cm 정도 더 길어질 수 있겠죠.

이러한 과정이 다시 여러 세대를 거쳐 반복됩니다. 그러면 기린 집단은 이제 예전의 기린보다 목의 길이가 2cm 정도 더 길게 되겠죠. 그리고 다시 목의 길이가 2cm보다 더 긴 변이가 생기고 여기서 다시 변이가 생깁니다. 이와 같은 과정이 계속 반복되어 지금과 같은 목이 긴 기린이 된 것입니다. 이

것이 내가 설명하는 기린의 목이 길어진 과정입니다.

이와 같이 기린의 목이 길어지는 과정을 설명하는 것을 자연선택설이라고 합니다.

요약하면, 자연선택설은 어떤 집단이 있다고 할 때 이 집단의 모든 개체들은 똑같지 않습니다. 즉 변이가 있다는 점에 착안하고 있습니다. 그리고 항상 생물은 환경이 수용할 수 있는 생물보다 더 많은 후손을 낳으려는 경향이 있기에 이들 사이에서는 이들이 이용할 수 있는 자원을 놓고 경쟁할 수밖에 없습니다.

이 경쟁에서 개체들이 가진 차이가 중요한 역할을 하는 것입니다. 어떤 개체는 좀 더 유리한 형질을 가졌고, 어떤 개체는 그렇지 않을 것입니다. 그 결과 유리한 개체는 그렇지 않은 것에 비해 더 많은 후손을 남길 기회를 가지며, 이런 과정이 반복되다 보면 그 집단은 어느새 모두 유리한 형질을 가진 개체로 구성되게 된다는 것입니다.

사실 이 설명은 매우 단순합니다. 우리가 자연에서 얻을 수 있는 자원은 제한되어 있기에 제한된 자연 환경 속에서 생존할 수 있는 능력은 부모에게서 어떤 형질을 물려받았느냐에 달려 있고, 집단을 이루는 하나하나의 개체에 변이가 있다면 환경에 잘 적응한 형질을 가진 개체가 더 많은 후손을 남기게

라마르크의 용불용설

목이 짧은 기린은
계속 목을 늘인다.

결국 목이 긴
기린으로 된다.

다윈의 자연선택설

목이 짧은 기린은
도태된다.

자연선택

목이 긴 개체만
살아남는다.

되며, 그 결과 세대가 거듭될수록 환경 적응력이 더욱 높은 개체가 많아지는 것입니다.

처음 자연선택설이 발표되었을 때 많은 사람들이 반론을 제기했습니다. 제기된 반론 중에 나를 제일 골치 아프게 했던 것은 지구의 나이와 관련이 있습니다. 왜냐하면 나는 진화는 세대를 거듭하며 점진적으로 일어난다고 생각했고, 그런 점진적인 변화로부터 하나 혹은 몇 개의 공동 조상으로부터 현재와 같은 다종다양한 생물이 나온다고 믿었기 때문에, 지구의 역사는 성경책에 나온 것보다는 길어야 했습니다.

그런데 당시의 세계적인 물리학자 중의 한 사람이었던 톰슨 경이 지구 표면으로부터 열이 손실되는 것을 기준으로 지구의 연령을 추정하였는데 길어야 1억 년, 최대로 잡아도 2억 년으로 계산해 내었습니다. 이 결론은 나의 이론이 성립하는 데 필요한 시간으로는 매우 부족합니다.

얼마 뒤 이 계산은 방사능이 발견되어 지구의 중심부인 핵에서 또 다른 열이 방출된다는 사실이 밝혀져 오류가 있다는 것이 발견되었습니다. 곧이어 학자들이 화석의 연대를 정확히 측정할 수 있는 방법을 알아내었습니다. 이는 방사성 물질의 분해 속도를 이용하여 측정하는 것으로 방사능 연대 측정법이라고 합니다.

학자들이 방사성 동위 원소의 반감기를 이용한 계산 결과에 의하면 지구의 나이는 46억 년가량 되며, 이 시간은 지구상의 생명체가 지금과 같은 다종다양한 형태로 진화하기에 충분한 시간입니다. 실제로 지구상에 최초로 나타난 생명의 흔적은 38억 5,000만 년 전에, 동물은 6억 년 전에, 최초의 현생 인류는 15만 년 전에 나타난 것으로 추정되는 화석이 발견되었습니다.

또 하나 나를 골치 아프게 했던 것은 유전에 관한 것입니다. 당시 나는 나름대로 유전 현상에 대해 많은 생각을 했고, 그로부터 사용 혹은 불사용에 의해서 획득된 형질은 유전한다고 생각했습니다. 마치 라마르크가 생각했던 것처럼 말이지요. 물론 지금 생각해 보면 이는 옳지 못한 것입니다.

그러나 내가 유전에 대해서는 올바른 지식을 가지고 있지 못했지만, 이것이 자연선택에 의한 진화라는 나의 생각에 영향을 미치지는 않았습니다. 자연선택은 오직 유전적인 변이가 일어나는 것을 필요로 한다고 나는 일관되게 주장했고, 자연선택에서 어떤 특정한 유전의 기적을 암시하지도 않았습니다. 지금까지 자연선택설이 진화를 설명하는 핵심설로서 많은 사람들의 지지를 받는 까닭이 여기에 있을 겁니다.

자연선택의 예

그러면 여기서 자연선택이 실제로 일어나는 예를 몇 가지 들겠습니다. 사실 자연선택의 예는 무수히 많습니다. 너무나 유명한 예가 다음 시간에 얘기할 후추나방의 공업 암화 현상이나 해충의 진화입니다만, 여기서는 그 외의 또 다른 예를 들어 보겠습니다.

페니실린은 제2차 세계 대전 당시에 개발되어 이후 세균 감염을 치료하는 데 쓰였습니다. 효과는 놀라웠고 많은 사람을 치료할 수 있었습니다. 그러나 지난 20~30년간 페니실린의 빈번한 사용은 페니실린에 저항성이 있는 세균을 출현시켰습니다.

세균은 20~30분이면 분열하기 때문에 이 세균의 증식에는 많은 시간을 필요로 하지 않습니다. 페니실린에 저항성이 있는 세균이 출현하게 되면, 더 이상 페니실린은 세균 감염의 치료에 유용하지 않게 됩니다. 세균을 치료하기 위해선 새로운 항생 물질을 개발해야만 하지요. 바로 여기서 우리는 자연선택에 의한 진화를 봅니다. 기린 집단이 목이 긴 형질을 가진 집단으로 바뀐 것처럼 세균도 페니실린에 의한 저항성이 있는 세균이 유리하여 그 형질을 갖는 집단으로 바뀐 것이지요.

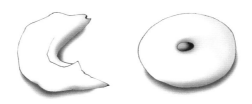

겸형 적혈구와 정상 적혈구

세균을 예로 드니 실제로 느낌이 별로 없나요? 그럼 이번엔 사람의 경우를 예로 들어 보겠습니다.

사람에게 치명적인 유전병 중의 하나가 겸형 적혈구 빈혈증이라 할 수 있습니다. 겸형 적혈구란 적혈구의 모양이 낫 모양으로 변한 것으로서, 이런 모양의 적혈구를 가지게 되면 적혈구가 모세 혈관을 쉽게 통과하기가 어려워 혈관을 막거나 터뜨립니다. 그래서 이 병에 걸린 환자는 빈혈과 참기 힘든 통증 속에 결국 악성 빈혈과 뇌출혈 등으로 20세 전후에 죽습니다. 그러므로 이 겸형 적혈구 유전자는 사람에게 해로운 유전자이고 조만간 자연선택에 의해서 도태될 것으로 생각됩니다.

그런데 흥미로운 점은 아프리카나 중남미, 동남아시아 사람에게서는 이 유전자가 많이 발견된다는 점입니다. 어떻게 된 일일까요? 해답은 말라리아에 있었습니다. 겸형 적혈구 빈혈증 환자가 많은 지역은 말라리아가 만연한 지역이었고, 겸형 적혈구 유전자를 갖는 사람은 말라리아에 저항성을 갖는다는 사실이 밝혀진 것입니다. 특히 서아프리카 같은 지역은 말라리아 감염이 거의 일반화된 지역입니다.

사람이 모기에 물리면 말라리아 기생충이 사람의 피 속으로 들어가 급속히 불어나며 치명적인 말라리아 증상을 일으킵니다. 그러므로 이 지역에서는 정상적인 적혈구 유전자를 가진 사람은 겸형 적혈구 빈혈증에 걸려서 죽지는 않지만 말라리아에 걸려 더 빨리 죽을 확률이 높은 겁니다. 즉 말라리아가 유행하는 지역에서는 겸형 적혈구 유전자를 갖는 것이 정상적인 헤모글로빈 유전자만 갖는 것보다 유리할 수 있는 겁니다. 그래서 이 지역에 사는 집단은 겸형 적혈구 유전자를 가진 사람이 많은 거지요.

반면 말라리아가 유행하지 않는 다른 지역에서는 겸형 적혈구 유전자가 어떤 이점도 없고 오히려 해로우므로 세대를 거듭함에 따라 자연히 도태될 수밖에 없고요. 실제로 미국에 온 노예 출신 흑인의 대부분은 서아프리카 출신인데 미국에서는 말라리아가 유행한 적이 없기 때문에 겸형 적혈구 유전자의 빈도는 서아프리카에 비해 대단히 낮은 5% 정도라고 합니다.

이 겸형 적혈구 빈혈증의 사례에서 겸형 적혈구 빈혈증의 유전자는 기린의 목 길이에 관여하는 유전자와는 다릅니다. 기린은 목 길이가 짧은 형질은 도태되었지만, 겸형 적혈구 유전자는 어떤 지역에서는 유리했고 또 어떤 지역에서는 도태되는 길을 걸었습니다. 그러므로 겸형 적혈구 유전자는 자연선택이 시간에 따라 다르고, 또 그 지역의 환경에 따라 달라질 수 있음을 알려 줍니다.

음, 이번엔 라마르크라는 프랑스의 박물학자 이야기를 해 볼까요? 기린의 목이 길어진 재미있는 이유를 주장한 학자이기도 하죠.

네? 기린의 목은 원래 긴 것이 아니었나요?

라마르크는 원래 기린 목은 길지 않았는데 나뭇잎을 따 먹으려 목을 뻗다 보니 점점 길어졌고, 이 형질이 자손에게 전달되어 현재와 같은 목이 되었다고 주장했죠.

잉? 그럼 저도 자꾸 목을 뻗으면 기린처럼 길어질까요?

설마~!

이러한 라마르크의 주장을 용불용설이라 하는데, 이 설명에는 치명적인 약점이 있어요.

어떤 약점이요?

기린이 목을 뻗으려 애쓰다 보면 목이 길어질 수는 있어도 그런 형질이 자손에게 전달되지는 않는다는 것이죠. 지금은 용불용설이 받아들여지지 않죠. 그래서 난 조금 다른 생각을 했어요.

어떤 생각이요?

예전에 기린 집단에는 목이 짧은 기린도 있었고 목이 긴 기린도 있었습니다. 목이 긴 기린은 짧은 기린에 비해 높은 곳에 달려 있는 나뭇잎을 따먹기에 유리했을 겁니다.

그래서 목이 긴 기린은 먹이를 많이 먹고 튼튼하게 자라서 후손을 많이 낳았을 것이고, 그 형질을 물려받은 후손도 먹이를 잘 따먹고 튼튼히 자라서 더 많은 후손을 낳게 될 것입니다.

배고파~

이런 과정이 반복되어 오랜 시간이 지나면 결국 기린 집단은 목이 긴 기린으로 이루어지게 되겠죠? 이것이 바로 내가 주장한 자연선택설이에요.

와, 생각해 보니 정말 그러네요.

4

진화란 무엇인가?

우리가 알고 있는 진화는 변태라는 의미에 가깝습니다.
진화는 개체군의 변화를 의미합니다.

4

네 번째 수업

진화란 무엇인가?

다원이 약간 흥분된 표정으로
네 번째 수업을 시작했다.

진화란 단지 모양이 변화하는 것이 아니다

진화! 한때는 입에 올리기조차 쉽지 않았던 이 말이 이제는
여기저기에서 쓰일 만큼 세상은 변했습니다. 또한 생물에서
만 진화를 말하지도 않습니다. 모든 분야에 진화란 말이 쓰
이고 있습니다. 사회 과학에서도, 예술에서도, 기술에서도,
문화에서도, 의학에서도 진화란 말이 보입니다.

신문에서는 '한국 자동차의 진화', '핸드폰의 진화' 등의 기
사를 특집으로 싣고, 월트 디즈니에 나오는 미키마우스도 점

차 진화했다고 하더군요.

진화란 말이 익숙해지고 널리 쓰이면서 사람들은 이 말을 아주 잘 이해하고 있고, 잘 알고 있는 것처럼 보입니다. 실제로 사람들은 스스로 진화가 무엇인지 잘 안다고 생각합니다. 과연 그럴까요?

언젠가 TV에서 애니메이션 〈파워 디지몬〉을 보았습니다. 사실 나는 만화나 애니메이션을 거의 보지 않지만 이것을 유심히 본 것은 나름의 이유가 있습니다. 이 애니메이션은 여러분 또래의 학생들이 매우 좋아해서 누구나 한번쯤은 보았으리라 생각합니다. 그 애니메이션에서 진화란 단어는 매장

면에서 반복적으로 나오더군요. 더구나 한국말로 진화라고 하기도 하고 어떤 경우는 '에볼루션(evolution)' 하고 외치며 디지몬 캐릭터의 모양이 변화하더군요. 에볼루션(진화)이란 말은 그 애니메이션을 두세 번만이라도 본 사람이라면 말 그대로 귀가 아프도록 들었을 것임에 틀림없을 것입니다.

에볼루션 즉 진화란 무엇일까요? 〈디지몬〉에서 에볼루션은 디지몬의 캐릭터 모양이 변화하는 것을 말하는 것 같습니다. 그래서 〈디지몬〉에 익숙한 여러분은 진화하면 모양이 변화하는 것이라고 생각할 수 있습니다. 이 말이 맞을까요? 분명한 것은 진화의 의미에는 변화가 포함되어 있으므로 100% 틀렸다고 할 수는 없겠지만, 진화(에볼루션)의 의미가 단지 모양이 변화하는 것은 아닙니다!

그렇지만 나는 진화란 말을(비록 그 의미는 부정확하지만 아무튼 변화란 개념을 포함하고 있다고 생각해 본다면) 이렇게 애니메이션에서조차 일상적으로 쓰고 있을 만큼 보편화되었다는 것 자체가 매우 놀랍다고 생각합니다. 왜냐하면 진화란 개념이 만들어진 지 불과 150년도 채 안 되고, 처음 그 개념이 소개되었을 때 사람들은 진화나 변화라는 개념을 상상하기는 힘들었으니까요. 당시의 사람들은 기독교적인 세계관에 영향을 받아 세상은 자비로우신 하느님에 의해 창조되었고, 하느님에 의해서 완벽하게 설계된 자비로운 곳이라는 믿음을 가지고 있었기 때문이지요.

그런데 나는 《종의 기원》에서 이런 사람들의 믿음을 반박하면서 모든 생물은 하나의 공동 조상으로부터 유래된 후손이며, 인간 역시 창조에 의해서 특별히 만들어진 것이 아니라 다른 생물과 마찬가지로 자연선택의 과정을 통해 진화되었다고 했습니다. 또한 세상은 제한된 자원을 놓고 경쟁하는 치열한 생존 경쟁의 장이며, 진화에 의해 생물은 적응하고 변화하지만 그 적응은 반드시 발전하는 것이거나 완벽함을 추구하지는 않는다고 말했습니다. 그래서 그 당시 많은 사람들이 나의 이론을 받아들이기 어려워하고 무척 혼란스러워했던 것입니다.

그런데 내가 《종의 기원》을 발표한 지 불과 150년쯤 지난 지금 '세상은 변화하지 않는다'는 생각에서 '세상은 변화한다'는 생각으로 완전히 바뀌었고, 변화하지 않는다는 것이 이상하게 느껴질 만큼 변화라는 단어가 익숙하게 생활 여러 곳에서 사용되는 것 같습니다. 여러분도 아마 세상이 변화하지 않는다고 말한다면 그 말이 무척 이상하게 들리리라 생각합니다. 그리고 자비로우신 하느님에 의해서 창조된 완벽한 세상이기에 변화하지 않는다고 생각하는 사람도 이젠 거의 없는 것 같습니다! 심지어 독실한 기독교 신자까지도……

그러나 진화는 변화와 동일한 의미는 아닙니다. 왜 진화와 변화가 같지 않은지는 초등학교 때 배웠던 동물의 한살이를 생각해 보면 금방 알 수 있습니다.

초등학교에서 개구리의 한살이나 배추흰나비의 한살이를 배웠을 것으로 생각됩니다. 개구리는 연못에 알을 낳고 알에서 꼬물꼬물 올챙이가 나와서 뒷다리가 쑥, 앞다리가 쑥, 그 다음엔 꼬리가 짧아져서 다시 개구리가 되는 개구리 한살이를 여러분은 잘 알고 있지요.

또 배추흰나비도 배춧잎에 알을 낳고, 알에서 다시 애벌레가 나오고, 애벌레는 배춧잎을 먹고 자라서 번데기가 되고, 다시 번데기에서 나비가 나오는 과정을 배웠을 것입니다. 이러한 한살이는 한 개체가 일생 동안 변화하는 모습을 보여줍니다.

하나의 개체가 알에서 애벌레와 번데기 그리고 나비로 변화하지요. 개구리는 알에서 올챙이, 다시 개구리가 되지요. 그러나 배추흰나비의 애벌레가 번데기로, 번데기가 다시 나비로 변화할 때, 혹은 올챙이가 개구리로 변화할 때 이를 모양이 변한다는 의미에서 변태라고 하며, 알에서 개구리 혹은 배추흰나비가 되는 전체 과정을 한살이 혹은 발생 과정이라

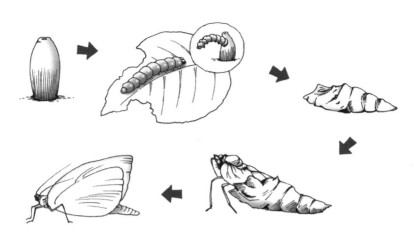

배추흰나비의 한살이

고 합니다만, 이를 진화라고 하지는 않습니다. 왜 그럴까요?

그럼 여기서 다시 〈파워 디지몬〉을 생각해 봅시다. 디지몬이 '에볼루션!'하며 변신하는 것은 올챙이가 개구리 혹은 번데기가 나비가 되는 식으로 모양이 변화하는 것입니다. 그러므로 〈파워 디지몬〉에서 말하는 에볼루션 혹은 진화는 말하자면 진화가 아니라 변태에 가깝다고 할 것입니다.

사람을 예로 들어 볼까요? 여러분이 처음 조그만 갓난아이로 태어나 자라면서 키도 크고, 발도 크고, 몸무게도 늘고, 수염도 나고, 머리도 세고 합니다. 분명히 사람도 자라면서 변화하지요. 이를 우리는 성장한다고 말하지 진화한다고 말하지는 않습니다.

또한 진화가 변화의 개념을 포함하지만 쌍꺼풀 수술이나 사람의 코 수술과 같은 인위적인 변화는 진화라고 하지 않습니다. 이는 단순한 성형이기 때문입니다. 성형 수술로 아무리 예쁘게 한다고 하더라도 그 형질은 다음 대에 유전되지 않습니다. 만약 다음 대에 유전되지 않는 형질이라면 그 형질은 진화의 대상이 되는 형질이 아닙니다.

요즘엔 헬스클럽을 피트니스 클럽 혹은 센터라 하더군요. 길을 가다 보면 동네마다 한두 군데의 피트니스 클럽이 눈에 띕니다. 보통 헬스클럽은 지하에 있거나 지상에 있더라도 밖에서 볼 수 없는 경우가 대부분이었는데, 요즘 생긴 피트니스 클럽은 그와는 다른 것 같습니다. 밖에서도 안에서 운동하는 모습을 큰 유리를 통해 훤하게 볼 수 있도록 해 놓았더

군요. 헬스클럽도 진화하는 모양입니다. 그러나 애석하게도 이 헬스클럽에서 아무리 근육 강화 훈련을 한다 하더라도 그 아들이 아버지와 같은 단단한 근육을 가지고 태어나지는 않을 겁니다.

이로써 여러분은 디지몬의 진화, 나비의 한살이, 사람의 성장, 쌍꺼풀 수술과 같은 성형 수술, 운동으로 강화된 근육은 진화가 아니라는 것을 아셨을 것입니다. 즉 어떤 한 개체가 그 개체의 일생 중에 모습이나 형태가 갑자기 변화하는 것을 진화라고 하지는 않는다는 것을 아셨을 겁니다.

진화란 개체군의 변화이다

그러면 진화란 무엇일까요? 어떤 것이 진화의 사례가 될까요?

진화는 한 생물의 일생에 걸친 변화(즉 변태나 성장)가 아니라 집단 내에서의 유전자의 빈도 변화입니다. 이 말이 조금 어려울 수 있습니다만 진화는 어떤 한 개체의 변화가 아니라 개체들이 모인 집단의 변화라고 말한다면 조금 이해가 쉬울 듯합니다.

영국 맨체스터 지방의 숲에는 옛날부터 후추나방이 살고 있었습니다. 이 후추나방은 짙은 색의 검은 나방과 밝은 색의 흰 나방의 두 종류가 있지요. 산업 혁명 이후 이 지방에 공장들이 많이 들어서게 되어 대기가 오염되고, 그에 따라 숲의 나무에도 변화가 나타났습니다.

그러자 이 숲에 사는 후추나방에 큰 변화가 오게 되었습니다. 오염되기 전에는 검은 나방의 수가 적었는데, 오염되어 나무에 붙어 살던 밝은 색의 지의류가 죽어 숲을 구성하는 나무들의 줄기 색이 드러나 흰 나방이 눈에 쉽게 띄게 되어 새와 같은 천적에게 쉽게 잡아먹혔습니다. 그 결과 얼마 지나지 않아 숲에서 흰 나방은 거의 찾아볼 수 없게 되고 검은 나방이 많이 살아남게 되었습니다. 이를 공업 암화 현상이라 하는데, 진화의 예로서 아주 유명한 사례입니다. 즉 숲에 살

후추나방

고 있는 나방의 종류가 흰 나방에서 검은 나방으로 바뀐 것과 같은 것을 우리는 진화라고 합니다.

최근엔 이 맨체스터 지방이 환경 보호가 잘 이루어져 대기가 깨끗해지며 나무에 지의류가 다시 붙어 살 수 있게 되면서 흰 나방의 수가 늘고 있다고 합니다.

이번엔 차를 타고 교외로 나들이를 나가 볼까요? 경부 고속국도를 달려도 좋고, 호남 고속국도를 달려도 좋습니다. 들판에 벼가 자라는 것이 보입니까? 아니 벼가 아니라도 좋습니다. 보리, 혹은 옥수수는 없나요? 어쩌면 배 밭이나 포도 농장이 보일 수도 있습니다.

농부들은 다량의 곡식과 과일을 수확하기 위해서 이들 농작물과 과실나무를 괴롭히는 해충을 살충제를 뿌려 구제합니다. 이 살충제는 적당한 때에 적당한 양을 뿌려 주어야 합니다. 처음 살충제를 뿌리면 99% 해충이 구제되지만, 다음에 뿌리면 50%도 채 구제가 되지 않고, 만약 같은 양을 다음 해에 또 뿌린다면 거의 대부분의 해충이 죽지 않을 겁니다. 그래서 농부들은 매년 뿌리는 살충제의 양을 늘리거나 혹은 살충제의 종류를 바꾸어 뿌립니다. 왜 그런 것일까요?

바로 해충이 진화를 했기 때문입니다. 처음 살충제를 뿌렸을 때는 거의 대부분의 해충이 죽었지만 그중 아주 적은 해충이 살충제에 대한 저항성을 가지고 살아남아 자손을 퍼뜨려 다음엔 해충 집단에서 저항성이 있는 해충 수가 늘어나고, 그 다음엔 살충제에 저항성이 있는 해충이 더 많이 퍼지게 된 것입니다. 그래서 적당히 살충제를 뿌려 주면 해충 구제에 실패하게 되는 겁니다.

이 사실을 알게 된 농부들은 처음에 살충제의 종류를 바꾸거나 양을 늘리는 방법으로 해충 구제를 해 왔습니다. 그러나 점점 그 양이 너무 지나쳐 뿌리는 농부도 위험하고 또 그것이 농작물에 남아서 사람에게 여러 좋지 않은 영향을 미칠 수 있다는 것을 알게 되었지요.

요즘 농약이나 화학 비료를 쓰지 않는 유기농이 많은 인기를 얻고 있는데, 사실 유기농은 해충이 진화를 하지 않았다면 나오지 않았을 것이며, 해충의 진화가 얼마나 놀라운지를 잘 보여 주는 사례라 할 것입니다.

__ 해충의 진화나 후추나방의 진화는 디지몬의 진화, 나비의 한살이, 사람의 성장과는 어떻게 다른가요?

해충의 진화는 해충이 살충제에 대한 내성을 개발한 것이 아니라, 해충 집단에서 살충제에 내성이 없는 녀석들이 대다수였다가 대부분이 살충제에 내성이 있는 해충 집단으로 진화한 것이지요. 또 후추나방은 흰 나방이 바로 검은 나방으로 변화한 것이 아니라 숲에 살고 있던 나방 집단이 흰 나방 집단에서 검은 나방 집단으로 바뀐 것입니다.

흔히 '진화'라고 하면 어떤 한 개체가 모양이나 모습이 바뀌어 다른 형태로 되는 것으로 생각하는 사람이 많습니다만, 이는 변태나 성장의 모습이지 진화가 아닙니다. 즉 진화는 해충의 진화나 흰 나방의 진화에서처럼 어떤 한 집단에서 또 다른 집단으로의 변화라고 할 수 있습니다. 물론 한 집단에서 또 다른 집단으로 변화할 때 새로운 집단은 뿌리를 기존의 집단에 두고 있습니다.

다시 말하자면 진화는 하나의 개체가 A에서 B로, B에서 다시 C로 변하는 것이 아닙니다. A라는 군집에서 B라는 군집으로, B라는 군집에서 C라는 군집으로 변화하는 것이며, 때로는 특정 지역에는 A라는 군집이 그대로 남아 있을 수 있고, 어느 지역만 A 군집에서 B 군집으로 바뀌며, 다시 여러 B 군집 중에서 특정한 B 군집만 C라는 군집으로 바뀔 수 있는 것입니다.

최근 한 신문에 자동차의 진화에 대한 기사가 실린 것을 보았습니다. '자동차의 진화', 소제목으로 '시발에서 쏘나타까지 한국 차의 진화'라고 되어 있는 기사에서 '진화'란 말은 우리에게 진화의 의미를 잘 말해 줍니다.

처음 한국에서 드럼통을 펴서 만든 시발 자동차는 현재 생산되고 있지 않아서 볼 수 없지요. 그동안 한국 차는 시발 자동차로부터 1960년대 새나라, 1970년대 피아트, 브리사, 제미니, 1980년대 엑셀, 프라이드, 봉고, 르망, 1990년대 티코, 엘란트라, 에쿠스, 카니발, 소나타, SM5, 2000년대 산타페, 렉스턴, 스포티지, 오피러스의 생산으로 발전했습니다.

여기서 시발 자동차가 곧 새나라 자동차로 변하거나, 피아트를 고쳐서 엑셀로 만들거나, 엘란트라가 변신하여 오피러스로 된 것이 아닙니다. 시발 자동차를 만든 기술을 토대로 새나라를, 그 기술을 토대로 엑셀을 만들었고, 다시 그 기술을 토대로 엘란트라나 소나타를 만들어 낸 것입니다. 기술 혁신을 통해서 새로운 자동차를 만들어 냈습니다.

즉 시발 자동차가 변화하거나 변태의 과정을 거쳐서 소나타나 오피러스에 이른 것이 아니라, 소나타와 오피러스는 하나의 독립적인 새로운 고유 모델이라는 것입니다. 또한 새나라가 나오면서 시간이 지나 시발 자동차는 자취를 감추었고, 다시 브리사나 제미니가 나올 즈음 새나라 자동차도 볼 수 없게 되었으며, 소나타가 나올 즈음 도로에서 제미니, 브리사를 보기도 힘들게 되었습니다. 이것이 바로 진화입니다. 한국이라는 자동차 시장 혹은 도로에서 한국 자동차는 말 그대

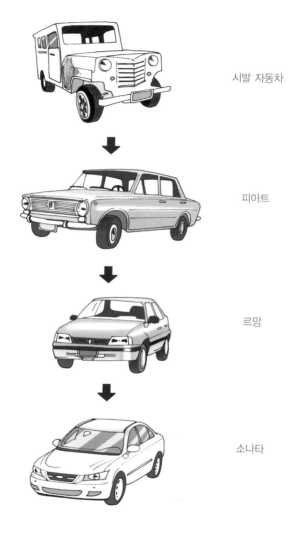

시발 자동차

피아트

르망

소나타

한국 자동차의 진화

로 진화를 한 것입니다.

물론 이것은 생물처럼 흰 나비가 다시 흰 나비를 만든다는 식은 아니지만 소나타 공장에서는 소나타를 계속 만들어 낸다는 것을 같은 개념으로 본다면, 이것은 성장도 변태도 아니며 말 그대로 진화인 것입니다.

이제 여러분은 진화라는 말의 의미를 어느 정도 파악했을 겁니다. 진화는 성숙이나 변태와 같은 개체의 변화가 아니라 개체들의 집단인 개체군의 변화인 것입니다.

자, 그러면 오늘 수업은 이만 마치도록 하겠습니다.

야~, 올챙이다!

선생님, 이 올챙이가 개구리가 되는 진화 과정을 관찰하기 위해 기르시는 거죠?

이런~, 그건 진화가 아니라 성장 과정일 뿐입니다.

예를 들어 보죠. 영국 맨체스터 지방의 숲에는 옛날부터 검은색과 흰색의 후추나방이 살고 있었습니다. 그런데 산업 혁명 이후 공장들이 많이 들어서면서 대기가 오염되고, 숲의 나무들도 모두 어두운 색이 되었죠. 그러자 이 숲에 사는 후추나방에 큰 변화가 생겼습니다.

어떤 변화요?

주위가 어두우니 흰 나방은 눈에 잘 띄어 새와 같은 천적에게 쉽게 잡아먹혔습니다. 그 결과 얼마 지나지 않아 숲에는 검은색 후추나방만이 살아남게 되었죠. 이것은 진화의 예로서 아주 유명한 사례죠.

흰 나방

난 안 보이지롱.

검은 나방➤

흔히 '진화'라고 하면 어떤 한 개체가 모양이나 모습이 바뀌어 다른 형태로 되는 것으로 생각하는 사람이 많습니다. 하지만 이것은 변태거나 성장의 모습이지 진화가 아닙니다.

흰 나방들이 불쌍해~!

다시 말해서 진화는 어떤 한 집단에서 또 다른 집단으로의 변화라고 할 수 있습니다. 물론 한 집단에서 또 다른 집단으로 변화할 때 새로운 집단은 뿌리를 기존의 집단에 두고 있죠.

그래도 알 듯 말 듯 하네요.

쉽게 설명하자면 진화는 하나의 개체가 변화하는 것이 아니라 군집이 변화하는 것입니다. 또 때로는 지역에 따라 남게 되거나 변화하는 군집이 다를 수 있습니다.

A → B → C
진화 아님

A집단 → B집단 → C집단
진화

그런 뜻이군요.

유전자풀

집단을 구성하는 모든 개체들이 가지고 있는 유전자를 통틀어 유전자풀이라고 합니다.
진화는 유전자풀에서의 변화를 말합니다.

5

유전자풀

다윈이 지난 시간
수업 내용을 언급하며
다섯 번째 수업을 시작했다.

유전자풀

지난 시간에 우리는 진화는 개체의 변화가 아니라 하나하나의 생물 개체들이 모인 집단(이를 개체군이라고도 한다)의 변화임을 알 수 있었습니다. 그러면 이제 진화, 즉 개체들의 집단인 개체군에서의 변화가 무엇을 의미하는지 좀 더 상세히 살펴봅시다.

어떤 한 집단이 변화한다는 것은 무엇을 말하는 걸까요? 위에서 우리는 맨체스터 숲의 흰 나방, 아니 정확히는 흰 나방의 집단이 검은 나방의 집단으로 바뀌는 예를 진화의 예로 들었습니다. 여기서 좀 더 정확히 표현하자면 흰 나방이 대부분인 집단에서 검은 나방이 대부분인 집단으로 변했다고 할까요.

이는 무엇이 변화한 것인가요? 나방의 표현형이 변화한 것입니다. 즉 바깥으로 드러난 형질이 변화한 것입니다. 정확히 바깥으로 드러난 형질의 빈도가 변화한 것입니다. 흰 나방보다 검은 나방 형질의 빈도가 높아진 것이지요. 이 표현형의 빈도 변화는 어떤 변화에 기인할까요?

__물론 유전자의 빈도 변화입니다.

잘 이해했네요. 한 생물 집단(여기서는 나방 집단이 되겠지요)에서의 유전자의 빈도가 변화하는 것, 즉 집단을 구성하는 모든 개체들이 가지고 있는 유전자 상에서의 빈도 변화가 진화인 것입니다. 이때 집단을 구성하는 모든 개체들이 가지고 있는 유전자를 통틀어 유전자풀이라고 하는데, 진화는 유전자풀에서의 변화라고 할 수 있습니다.

풀이란 원래 웅덩이나 물이 고인 곳이란 의미이고 수영장을 풀장이라고도 하지요. 수영장 안에는 물이 가득 차 있듯이 유전자풀에는 유전자가 가득 차 있다고 생각할 수 있겠습니다. 미국의 한 대학에는 교정에 유전자풀이 있더군요. 직

사각형의 인공 연못을 만들고 물이 담긴 못의 바닥에 DNA 이중 나선을 그려 놓았더군요. 말 그대로 유전자풀이지요. 아마 이 연못을 구상한 사람은 유전자풀에 대해서 알고 있는 사람이었으리라 생각합니다. 물론 이 연못을 가지고 유전자 풀이 무엇인지 이해하기는 그리 쉽지 않습니다만……

진화를 연구할 때 유전학자들은 유전자풀에 초점을 맞춥니다. 유전자풀의 변화, 즉 진화가 있으려면 맨체스터 나방의 진화에서처럼 그 집단을 구성하는 개체들 사이에 유전적인 변이가 있어야 합니다. 나방에 있어서는 그 변이가 색으로 나타났고, 색으로 나타난 표현형은 형질을 구성하는 유전자에 영향을 받습니다. 어떤 유전자형을 갖느냐에 따라서 표현형이 나타나게 되지요.

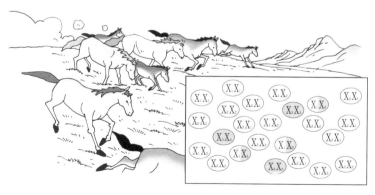

유전자풀의 모식도

아마 여러분은 멘델의 유전 법칙을 배웠으리라 생각됩니다. 완두콩은 둥근 것과 주름진 것이 있는데 멘델의 유전 법칙에서 둥근 형질을 R, 주름진 형질은 r로 유전자를 나타냅니다. 각 개체들은 한 형질에 대해 2개의 대립 유전자를 가지므로 표현형이 둥근 것은 유전자형을 Rr 혹은 RR로, 주름진 것은 rr로 유전자형을 표시할 수 있고요.

여기서 알 수 있는 것은 한 개체는 한 집단이 가지는 대립 유전자의 작은 일부분만을 가지고 있다는 점입니다. 완두콩으로 예를 들 때 R 유전자가 3,000개, r 유전자가 1,000개 정도 있는 집단이라고 한다면 한 개체가 가지는 유전자는 완두콩 집단의 유전자 4,000개 중의 2개에 불과하다는 것입니다. 그러므로 개체가 가지는 유전자는 한 집단이 가지는 유전자를 대표하지 않습니다.

유전자풀은 한 집단이 가지고 있는 모든 대립 유전자의 합이므로, 유전자풀의 변화를 다르게 표현한다면 한 집단의 유전자풀에서 대립 유전자의 빈도 변화라고 할 수 있습니다. 즉 진화가 일어났다고 할 때 그것은 개체군 내에서 어떤 유전자형의 비율 변화로 나타날 수 있습니다.

맨체스터 지방의 나방이 흰 나방에서 검은 나방으로 변한 것이 진화라 할 때, 결국 맨체스터 숲의 나방 집단의 검은 나방과 흰 나방의 상대적인 빈도가 변화한 것이라고 말할 수 있겠지요. 이와 같이 어떤 집단 내에서 대립 유전자의 상대적인 빈도가 여러 세대를 거치는 동안 달라지는 것을 진화라고 하면, 이 진화는 비교적 작은 규모로 일어나는 진화라고 생각하여 이를 소진화라고 부릅니다.

어떻게 유전자풀에서 대립 유전자의 빈도가 변화하는가, 즉 소진화가 일어나는가를 알아보기 위해서는 우선 유전자풀이 변하지 않는 가상 집단을 생각해 보아야 합니다.

하디–바인베르크의 법칙

가령 진화가 일어나지 않는 가상적인 나방의 집단을 고려해 봅시다. 이 집단은 맨체스터 지방의 나방처럼 흰 나방과 검은 나방의 2종류로 이루어져 있고, 나방의 색은 하나의 유전자에 의해서 발현되는 형질이기에, 검은색을 나타내는 유전자(A)가 흰색을 나타내는 유전자(a)에 대해서 우성이라고 생각해 봅시다. 그러면 대부분의 사람은 멘델의 유전 법칙에 따라 잡종 제1대는 우성만 나타나고, 검은색이 우성이므로 여러 세대를 지나면 나방 집단은 점차 검은 나방으로 될 것으로 생각합니다.

　그러나 이것은 틀린 생각입니다. 이상적인 경우 양성 교배가 이루어지는 동안 유전자가 서로 섞이기는 하지만 유전자의 빈도가 바뀌지는 않습니다. 배우자를 형성할 때 감수 분열이 일어나 대립 유전자가 분리되고 수정될 때 이들이 무작위로 합쳐지는 과정이 반복된다 할지라도, 유전자풀에서 각각의 대립 유전자가 차지하는 비율은 다른 요인이 작용하지 않는 한 일정합니다. 이것을 하디(Godfrey Hardy, 1877~1947)와 바인베르크(Wilhelm Weinberg, 1862~1937)가 아주 간단한 공식으로 증명해 보여서 하디-바인베르크의 법칙이라고 합니다.

　사실 이 법칙은 우연히 발견되었다고 합니다. 들리는 말에 의하면 당시의 유명한 생물학자 둘이 심각한 표정으로 이야기하는 것을 우연히 대학 구내의 매점 앞에서 아이스크림을 먹던 하디가 발견하고서 뭘 그렇게 심각하게 이야기하느냐고 물었답니다. 그러자 두 생물학자가 그들이 생각하는 고민, 즉 우성과 열성이 있을 때 잡종 제1 대에서는 우성만 나오고 잡종 제 2대에서는 우성과 열성의 비가 3 : 1의 비로 나오게 되니 대를 거듭하면 우성 형질은 많아지고 열성 형질은 점차 줄어들어야 하는 것 같은데, 실제로는 그렇게 되지 않는 것 같아서 어찌된 것인지 알아내는 것이 어렵다고 말했답니다.

　그러자 하디는 바로 그 자리에서 간단한 공식으로 왜 그렇게 되지 않는지, 대를 거듭해도 우성 형질과 열성 형질 유전자의 비가 변하지 않는지를 보여 주었다고 하는군요. 이것이 바로 지금 우리가 공부할 하디-바인베르크의 법칙입니다.

　하디-바인베르크의 법칙에 의하면 대립 유전자의 빈도와 유전자형의 비는 자연선택이 작용하지 않는 한, 대를 거듭해도 변하지 않고 평형 상태를 유지합니다. 가령 흰 나방과 검은 나방의 집단에서 검은 나방의 검은색 유전자 A의 빈도를 p라

과학자의 비밀노트

하디-바인베르크의 법칙 (Hardy-Weinberg law)

1908년 영국의 수학자 하디와 독일의 의사 바인베르크가 각각 독자적으로 발견한 법칙으로, 집단에서의 유전자의 구성 유지 및 변화에 관한 이론이다. 즉, 커다란 개체군에서 유전자를 변화시키는 외부 힘이 작용하지 않는 한 우성 유전자와 열성 유전자의 비율은 세대를 거듭해도 변하지 않고 일정하다는 것이다. 이러한 자연적 평형 상태를 깨뜨리는 외부 힘으로는 선택·돌연변이·이동 등이 있다. 이 법칙은 자연선택을 설명하는 데 특히 중요한 역할을 하였다. 의학자나 유전학자들은 이 법칙을 이용하여 결함을 갖고 태어날 자손의 확률을 추정하기도 하며, 또한 방사선에 의한 개체군 내의 유해한 돌연변이의 발생을 예측하기도 한다.

하고 흰색 유전자 a의 빈도를 q라 하면 $p+q=1$이 됩니다.

이 집단에서 교배가 자유로이 이루어질 때 다음 세대의 유전자 빈도는 다음과 같이 구할 수 있습니다.

$$(p+q)(p+q) = p^2 + 2pq + q^2 = 1$$

즉 자손이 AA의 유전자형을 가질 빈도는 p^2, aa의 유전자형을 가질 빈도는 q^2, Aa의 유전자형을 가질 빈도는 $2pq$가 됩니다. 결과적으로 A와 a의 빈도는 다음과 같습니다.

유전자 A의 빈도 $= p^2 + 2pq \times \dfrac{1}{2} = p(p+q) = p$

유전자 a의 빈도 $= q^2 + 2pq \times \dfrac{1}{2} = q(p+q) = q$

따라서 유전자 A의 빈도와 유전자 a의 빈도는 교배 전과 차이가 없습니다. 또한 유전자형이 AA가 될 빈도는 p^2, Aa가 될 빈도는 $2pq$, aa가 될 빈도는 q^2으로, 대를 거듭해도 이 빈도는 변하지 않고 유지됩니다.

그러나 하디-바인베르크의 법칙은 자유로이 교배가 가능하고 돌연변이가 없는 집단, 이입과 이출이 없고 대립 유전자가 멘델의 법칙에 따라 분리되며, 집단의 크기가 대단히 크고 모든 개체의 생존력과 생식력이 같은 집단, 즉 자연선택이 작용하지 않는 집단에만 적용됩니다. 물론 이런 5가지 조건이 모두 충족되는 집단은 자연 상태에선 존재하지 않습니다. 자연 상태의 모든 집단은 하디-바인베르크의 평형이 성립하지 못하며 대립 유전자의 빈도가 조금씩 지속적으로 변하게 됩니다.

그런데 유전자풀에서 하디-바인베르크의 법칙이 왜 중요한가 하면, 이 공식을 이용하게 되면 아주 쉽게 특정 유전병의 대립 유전자의 빈도를 구하는 데 사용할 수 있기 때문입니다. 가령 혈중 페닐알라닌이 축적되어 정신 지체를 야기하는 선천성 대사 이상증인 페닐케톤뇨증이 1만 명당 1명 정도 발병한다고 합시다. 이때 이 유전자를 가진 사람이 얼마나 될 것인지를 구하는 데 하디-바인베르크의 법칙을 이용할 수 있습니다.

1만 명당 1명이 태어나므로 $q^2 = 0.0001$이 됩니다. 따라서 $q = 0.01$이고, 정상 유전자의 빈도 $p = 1 - q = 1 - 0.01 = 0.99$가 됩니다. 그러면 페닐케톤뇨증 유전자를 이형 접합자로 가진 사람은 $2pq = 2 \times 0.99 \times 0.01 = 0.0198$로 계산됩니다. 따라서 $0.0198 + 0.01 = 0.0298$이므로 약 3%에 해당하는 사람이

〈제 1 대〉

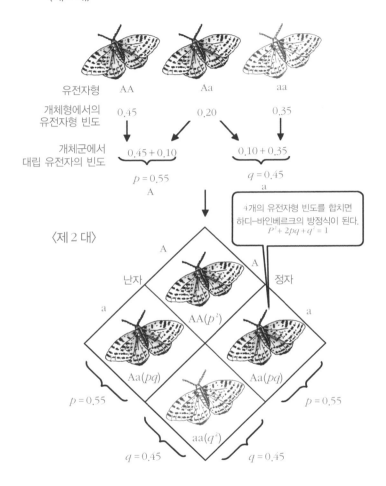

유전자형　　　AA　　　　　Aa　　　　　aa

개체형에서의　　0.45　　　　0.20　　　　0.35
유전자형 빈도

개체군에서　　　0.45 + 0.10　　　0.10 + 0.35
대립 유전자의 빈도

$p = 0.55$　　　　$q = 0.45$
A　　　　　　a

4개의 유전자형 빈도를 합치면
하디-바인베르크의 방정식이 된다.
$P^2 + 2pq + q^2 = 1$

〈제 2 대〉

A

A

난자　　　　　　　정자

a　　　　　　　　　　　　a

AA(p^2)

Aa(pq)　　　　Aa(pq)

$p = 0.55$　　　　　　　$p = 0.55$

aa(q^2)

$q = 0.45$　　　$q = 0.45$

하디-바인베르크 유전자형 빈도의 계산법

페닐케톤뇨증 유전자를 가지고 있다는 것을 알 수 있습니다.

이뿐만 아니라 진화를 연구하는 데 있어서도 진화는 유전자 풀이 변화해야 하므로 하디-바인베르크의 법칙을 이용하여 실제로 유전자풀이 변화하는 집단과 그렇지 않은 집단을 비교할 수 있기에 하디-바인베르크의 법칙은 중요하다고 할 수 있습니다.

보통 생물학을 좋아하는 사람은 수학을 좋아하지 않는 경향이 있습니다. 수학이 싫어서 생물을 전공하는 경우도 있고요. 그래서 하디-바인베르크의 법칙을 알아보는 것이 조금 힘들지는 않았는지 모르겠습니다.

자! 그럼, 오늘 수업을 마치겠습니다.

진화에 대해서 좀 더 심도 있는 이야기를 해 볼까요? 여러분은 유전자풀이라고 들어 봤나요?

아, TV에서 봤어요. 미국의 한 대학교 교정에 있는, 바닥에 DNA 이중 나선이 그려져 있는 인공 연못 말이죠?

하하하, 그것도 유전자풀이겠군요. 수영장 안에는 물이 가득 차 있듯이 유전자풀에는 유전자가 가득 차 있다고 생각하면 될 겁니다.

유전자들이 가득 들어 있는 풀이요?

일전에 맨체스터 숲의 흰 나방이 대부분인 집단이 검은 나방이 대부분인 집단으로 변했다는 말을 했었죠? 이는 나방의 표현형이 변화한 것입니다.

표현형의 변화

더 정확하게는, 흰 나방보다 검은 나방 형질의 빈도가 높아진 것이지요. 그렇다면 이 표현형의 빈도 변화는 어떤 변화에 기인할까요?

변화요?

답은 바로 유전자의 빈도 변화입니다. 즉, 집단을 구성하는 모든 개체들의 유전자 상에서의 빈도 변화가 진화인 것입니다. 이때 개체들이 가지고 있는 유전자를 통틀어 유전자풀이라고 하는데, 진화는 유전자풀에서의 변화라고 할 수 있는 것입니다.

아~, 그게 유전자풀이로군요.

모든 개체의 유전자상에서의 빈도 변화

네. 진화를 연구할 때 유전학자들은 유전자풀에 초점을 맞춥니다. 유전자풀의 변화가 있으려면 그 집단 개체들 사이에 유전적인 변이가 있어야 하니까, 어떤 유전자형을 갖느냐에 따라서 표현형이 나타나게 되지요.

아, 이제 알겠어요!

6

진화를 야기하는 요인

유전자풀이 변하는 까닭은 무엇일까요?
우연, 두 집단 간 유전자 이동과 돌연변이,
그리고 자연선택에 의해 변화할 수 있습니다.

6

여섯 번째 수업

진화를 야기하는 요인

교. 고등 생물 II   3. 생명의 연속성
과.
연.
계.

다윈이 그동안 배운
내용을 요약하며
여섯 번째 수업을 시작했다.

앞에서 내가 말한 것을 간단히 요약하면 진화는 집단의 변화, 즉 유전자풀의 변화입니다. 이상적인 상태에서는 자유로이 교배할 수 있고 집단의 크기가 무척 크며, 자연선택이 작용하지 않는다면, 하디–바인베르크의 법칙이 적용되어 집단 내에서 유전자의 빈도 변화는 일어나지 않는다고 했습니다.

그러면 집단에서의 유전자의 빈도 변화, 즉 유전자풀의 변화는 어떤 상태에서 일어나게 될까요?

우연에 의한 유전자 빈도의 변화

첫 번째 생각해 볼 수 있는 것이 유전적 부동입니다. 가령 한 집단 안에서의 대립 유전자의 빈도 변화는 어떤 특수한 사건에 의해서 우연히 변화할 수도 있는데, 자연선택 이외의 방법으로 대립 유전자의 빈도가 변화하는 것을 유전적 부동이라 합니다.

가령 지리산에 곰이 산다고 가정해 봅시다. 지리산 곰은 털색이 흰색과 검은색이 있는데 백곰이 10마리, 흑곰이 5마리 살고 있습니다. 어느 해 겨울 지리산에 눈이 엄청나게 내려서 그해 15마리의 곰 중 5마리가 죽었는데, 그중 4마리가 흑곰이고 1마리가 백곰이었다면 흑곰 유전자의 상대적 빈도는 급격히 감소한 반면 백곰 유전자의 상대적 빈도는 급격히 증가하게 됩니다. 이때의 대립 유전자의 빈도는 순전히 우연에 의해서 변화하는 것이며 자연선택과는 관련이 없습니다. 이런 식의 소진화를 유전적 부동이라고 하는 것입니다.

보통 유전적 부동은 개체군의 크기가 작으면 작을수록 더 잘 진행되며 유전적 부동이 일어나지 않기 위해서는 집단의 크기가 대단히 커야 합니다. 유전적 부동의 예로는 천재지변으로 집단의 크기가 갑자기 줄었을 때 나타나는 병목 효과를 한 예로

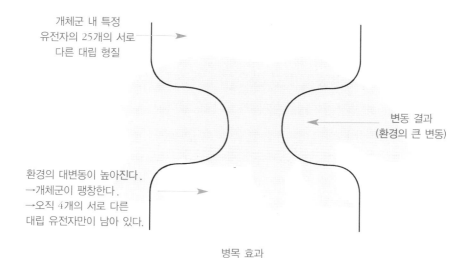

개체군 내 특정
유전자의 25개의 서로
다른 대립 형질

변동 결과
(환경의 큰 변동)

환경의 대변동이 높아진다.
→개체군이 팽창한다.
→오직 4개의 서로 다른
대립 유전자만이 남아 있다.

병목 효과

들 수 있습니다.

　산불이나 지진, 홍수 등의 재난으로 집단의 대부분이 죽었을 때 남아 있는 소집단의 유전자풀은 모집단의 유전자풀과 달라지는 경우가 많습니다. 물론 이런 재난에는 사람에 의한 사냥도 포함될 수 있습니다. 물론 이때의 사냥은 무차별적인 사냥이었는데 우연히 특별한 형질을 가진 동물만 사냥감이 된 경우겠지요.

　미국 캘리포니아 북부에 살고 있는 바다코끼리 개체군이 이와 같은 예에 해당합니다. 19세기 말, 사냥으로 바다코끼리의 수가 약 20마리 정도까지 줄었다고 합니다. 현재 살고

있는 바다코끼리 조직에서 얻은 24개의 단백질을 전기 이동
(전기 영동)해 보았더니 어느 것에도 변이가 없었다고 합니다.
반면 사냥의 영향을 받지 않은 남부의 바다코끼리는 훨씬 더
다양한 유전적 변이를 가지고 있다고 합니다.

　유전적 부동에는 집단의 일부가 모집단에서 떨어져 나와 새
로운 환경에 정착하는 창시자 효과도 있을 수 있습니다. 극단적
인 경우 임신한 동물이나 하나의 식물 씨앗이 새로운 집단을 형
성하기도 합니다. 대체로 창시자 효과는 개체군 병목 효과에서
생기는 형태와 동일합니다. 갈라파고스 섬 생물들이 진화하는
과정에 중요한 역할을 했을 것으로 믿어지는 것이 바로 이와 같
은 창시자 효과입니다.

바다코끼리

과학자의 비밀노트

전기 이동 (electrophoresis, 전기 영동)

1808년 F.F. 루스가 처음으로 발견하였다. 콜로이드(혼합물의 일종으로, 특별히 1나노미터에서 1마이크로미터 사이의 크기를 갖는 입자들로 구성된 것을 가리킴) 입자가 전기를 띠기 때문에 생기는 현상이다. 예를 들면 수산화철이나 수산화알루미늄 등의 콜로이드 입자는 음극 쪽으로 이동하고, 금속 콜로이드나 황화물·규산 등이 분산된 콜로이드 용액에서는 입자가 양극 쪽으로 이동한다. 따라서 콜로이드 입자의 각종 성질이 같다고 해도 어느 하나가 다르면 전기 이동으로 입자를 분리할 수가 있다. 이 방법을 이용하면 여러 분석을 할 수 있지만, 특히 단백질 분석을 하는 데 있어서 중요하다.

두 집단 간의 유전자 이동

두 번째 요인은 유전자 이동입니다. 같은 종의 구성원이라도 넓은 지역에 고르게 분포하는 경우는 드뭅니다. 한 집단이 서로 공간적으로 분리되면 두 집단은 유전자풀에 차이가 있을 수 있지요. 이런 유전자풀에 차이가 있는 두 집단에 한 구성원이 다른 집단으로 이주해 오면 새로운 유전자가 유전자풀에 포함될 수 있습니다. 이를 유전자의 이동이라 하며 두 집단 간에 유전자의 이동이 빈번해지면 두 집단 사이에 유전자풀의 차이는 줄어들고 유전자의 이동이 줄어들면 유전자풀이 서로 달라질 수 있습니다.

돌연변이에 의한 유전자풀의 변화

세 번째로는 돌연변이를 생각해 볼 수 있습니다. 유전자풀의 변화를 일으킬 수 있는 변이의 원천은 돌연변이 때문입니다. 이들 돌연변이는 한 개체의 DNA가 변하여 새로운 대립유전자가 생성되는 것입니다. 그러나 특정한 한 유전자에 돌연변이가 일어날 수 있는 확률은 대단히 낮습니다. 10만~100만 정도의 배우자가 형성될 때 한 번 정도 하나의 유전자에서 돌연변이가 생성됩니다. 특별히 집단의 크기가 클 때는 한 세대에서 돌연변이가 미치는 영향은 아주 작습니다.

일반적으로 집단에서 어떤 대립 유전자의 빈도가 급격하게 높아지는 이유는 돌연변이율이 높아지기 때문이 아닙니다. 그 까닭은 유전적 부동이나 자연선택의 과정에서 다른 대립유전자를 가진 개체보다 더 많은 자손을 낳았기 때문입니다.

사실 돌연변이는 진화의 역사에서 핵심적인 역할을 합니다. 왜냐하면 돌연변이가 새로운 대립 유전자를 만들어 내는 유일한 방법이기 때문입니다.

자연선택에 의한 변화

항상 중요한 것은 마지막에 말하는 경우가 많지요. 끝으로 자연선택이 있습니다. 자연선택은 우연히 나타나는 변이가 생존과 번식에 유리한 형질이면 집단 내에서 증가되도록 하고 유리하지 못한 형질이면 사라지도록 합니다. 이런 자연선택의 효과는 몇 가지 아주 다른 결과를 낳을 수 있습니다. 여기서 예로 드는 것은 물론 하나의 대립 유전자에 의해서 형질이 결정되는 것이 아니라 하나 이상의 유전자가 형질을 나타내는 데 관여하는 피부색이나 키, 몸무게와 같은 다인자 유전을 하는 형질입니다.

다인자 유전을 하는 경우 개체군 내에서 그 형질의 분포는 종 모양의 곡선을 나타냅니다. 이때 자연선택이 어떻게 작용하는지에 따라 안정화 선택, 방향성 선택, 분단형 선택의 세 가지 유형이 나타납니다.

안정화 선택은 자연선택이 평균 크기의 개체를 선호하게 되고 변이는 줄게 되며, 그 개체군의 특징이 유지되면서 평균값은 변화가 없게 됩니다. 자연선택은 보통 이런 식으로 작용하는 경우가 많고 돌연변이나 이동에 의해 변이가 증가하는 것을 막는 경향이 있습니다.

방향성 선택은 기린의 목에서처럼 어떤 특정한 한쪽 극단의 개체가 선호되면 개체 형질의 평균값이 변화합니다. 이런 방향성 선택이 일어나게 되면 개체군 내에 진화적인 경향성이 나타나게 되지만 환경이 바뀌거나 다른 표현형이 유리해지면 다시 역방향으로 갈 수도 있습니다.

분단형 선택은 양 극단에 치우친 개체에게 동시에 유리한 선택인 경우입니다. 이와 같은 선택이 이루어지면 집단은 두 개의 작은 집단으로 분리됩니다. 갈라파고스핀치라는 새에게서 이와 같은 분단형 선택을 발견할 수 있습니다.

단단한 씨와 부드러운 씨라는 두 가지 유형의 늪지 식물의 씨가 이들 갈라파고스핀치의 중요한 먹이인데, 큰 부리를 가진 새는 단단한 씨앗을 쉽게 깰 수 있고 작은 부리를 가진 새는 부드러운 씨앗을 효율적으로 먹을 수 있습니다. 따라서 중간 크기의 부리를 가지는 새들은 먹이를 먹는 데 불리하게 되어, 이들 핀치 새의 부리의 크기는 분단형 선택의 전형적인 예를 보여줍니다.

또한 우리는 지난 수십 년간 우리의 의도와는 다른 자연선

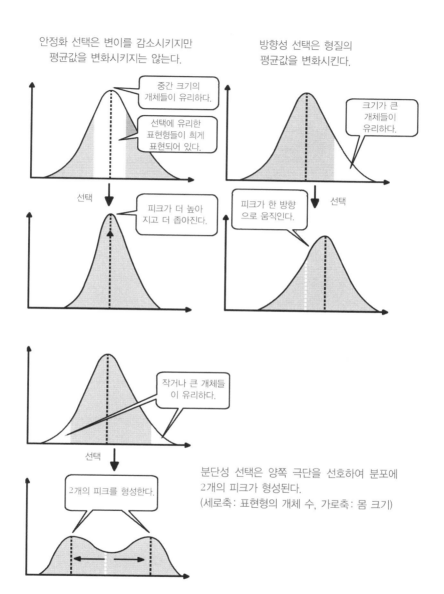

작은 부리를 가진 새들은 부드러운 씨를 더 효율적으로 쪼아 먹는다.

큰 부리를 가진 새들은 딱딱한 씨를 깰 수 있다.

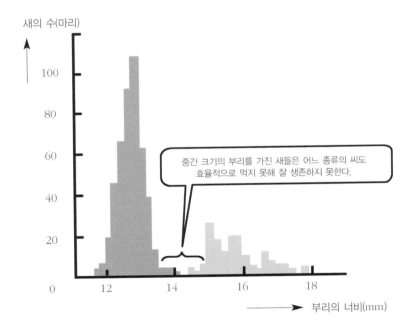

중간 크기의 부리를 가진 새들은 어느 종류의 씨도 효율적으로 먹지 못해 잘 생존하지 못한다.

택이 일어난 예를 보아 왔습니다. 살충제에 강한 해충의 진화와 항생제에 내성을 갖는 병원균의 출현이 바로 그 예라고 할 수 있습니다. 또한 말라리아와 같은 병을 일으키는 동물 중에서도 이를 치료하는 약제에 내성을 가진 것들이 진화하여 나타나기도 했습니다. 이러한 예들 또한 방향성 선택의 예입니다.

새로운 살충제와 항생제는 처음 사용할 때는 효과가 높아 적은 양으로도 해충을 죽일 수 있습니다. 그러나 살충제에 내성을 지닌 유전자를 해충이 가지게 되면 이 해충은 이들 약제에 노출되더라도 생존할 수 있습니다. 만일 지속적으로 살충제를 사용하면 결국에는 내성을 가진 해충만 살아남게 되어 살충제의 효력은 없게 됩니다.

자, 이렇게 해서 어떻게 유전자풀이 변화할 수 있는지를 알아보았습니다. 유전자풀의 변화는 분명 진화입니다. 그러나 이런 사례는 종의 형성과는 거리가 멉니다. 종의 형성은 어떻게 가능할까요? 다음 시간에는 이에 대해서 알아보도록 하겠습니다.

유전자풀의 변화 중에서 분단형 선택과 자연선택에 의한 변화는 어떤 것인가요?

분단형 선택은 양 극단에 치우친 개체에게 동시에 유리한 선택인 경우예요.

이와 같은 선택이 이루어지면 집단은 두 개의 작은 집단으로 분리되지요. 서아프리카의 핀치 새의 경우를 생각해 보면 쉽지요.

서아프리카의 핀치 새요?

핀치 새의 중요한 먹이는 늪지식물의 씨로 단단한 씨와 부드러운 씨가 있지요.

그러면 큰 부리를 가진 새는 단단한 씨앗을 쉽게 깰 수 있고, 작은 부리를 가진 새는 부드러운 씨앗을 효율적으로 먹을 수 있겠네요.

난 딱딱한 씨도 깰 수 있지.

난 부드러운 씨를 잘 먹을 수 있어.

맞아요. 그래서 중간 크기의 부리를 가지는 새들은 먹이를 먹는 데 불리하게 돼서 잘 살아남지 못하지요.

그렇군요.

우리는 적당한 먹이가 없어.

자연선택은 지난 수십 년간 우리 주변에서 일어났던 일들에서도 예로 들 수 있어요.

어떤 것이죠?

살충제에 강한 해충의 진화와 항생제에 내성을 갖는 병원균의 출현이 바로 그 예지요. 또 말라리아를 일으키는 동물 중에도 치료제에 내성을 가진 것들이 진화하여 나타나기도 했고요.

아, 그것들이 자연선택이 일어난 것이군요.

치익~

난 안 죽는다고!

종이란 무엇인가?

서로 교배하여 번식력 있는 자손을 낳을 수 있는
한 집단을 하나의 종이라고 합니다.

다윈이 조금 아쉬워하는 표정으로
마지막 수업을 시작했다.

종의 구분

어떻게 새로운 종이 만들어지는가 하는 문제는 사실 진화
에 있어서 가장 기본적인 문제입니다. 물론 자연선택에 의해
서 작은 변이(같은 종에서 성별, 나이와 관계없이 모양과 성질이
다른 개체가 존재하는 현상)의 축적이 서로 다른 종을 만들어
낼 수 있음을 생각해 볼 수 있습니다. 종의 분화를 말하기 전
에 먼저 종이란 무엇인지 간단히 알아보도록 합시다.

현재 우리는 린네의 이명법에 의해 생물의 이름을 표기하고 침팬지와 사람이 다른 종이고, 사슴과 노루가 다른 종이며, 개와 고양이가 다른 종인 것처럼, 각각의 종은 매우 분명한 특징으로 구분되는 것처럼 생각합니다. 실제는 이처럼 분명하게 다른 종이라고 구분하기가 어려운 비슷한 종인 경우가 많이 있습니다.

이럴 때 종을 구분하는 기준은 보통 '교배가 가능한가?' 입니다. 만약 어떤 두 집단이 서로 교배할 수 없다면 이 두 집단은 서로 다른 종이라고 할 수 있습니다. 즉, 서로 교배하여 번식력이 있는 자손을 낳을 수 있는 한 집단을 하나의 종이라고 하지요.

따라서 말과 당나귀처럼 교배는 가능하지만 여기서 나온 노새는 불임이므로 말과 당나귀는 서로 다른 종으로 구분할

라이거

수 있습니다. 사자와 호랑이도 그렇지요. 교배는 가능하지만 결과물인 라이거는 자손을 낳을 수 없으므로 사자와 호랑이는 다른 종입니다. 이처럼 생식력을 갖지 못하는 자손을 낳으면 두 집단 사이에 유전자의 교류는 없게 되겠지요.

그런데 문제는 모든 종을 그렇게 쉽게 정의할 수 없다는 점입니다. 가령 멸종된 종을 분류할 때 이들은 교배가 가능한지 아닌지를 알 수 없겠죠. 또 무성 생식을 하는 생물은 어떻게 분류해야 할까요? 이런 경우는 다른 분류 방법, 가령 겉모습이나 생화학적인 특징을 가지고 분류할 수밖에 없습니다.

유성 생식을 하고 멸종되지 않았으며 지리적으로 격리되지 않았는데도 한 종으로 정하기 어려운 경우도 있습니다. 북미 대륙 전체에 걸쳐 번성하는 사슴쥐가 그에 해당합니다.

로키 산맥에는 4개의 사슴쥐 집단이 살고 있습니다. 이들

사슴쥐

사슴쥐는 분류학적으로 종 바로 아래 단계인 아종으로 분류되는데, 다른 사슴쥐와 사는 지역이 일부 겹치기도, 상호 교배도 가능합니다. 그런 면에서 이들 사슴쥐는 한 종이라고 할 수 있습니다.

흥미로운 점은 이들 4개의 종을 A, B, C, D라고 할 때, A와 B 둘은 같은 지역에 살아도 절대 교배를 하지 않는다는 점입니다. 그렇지만 이들 유전자풀이 서로 격리되어 있는 것은 아닙니다. 왜냐하면 A가 C나 D와, 다시 C와 D는 B와 교배가 가능하기 때문에 A와 B 두 집단 사이에 간접적으로 유전자의 흐름이 있을 수 있습니다. 비록 이런 식으로 교류되는 유전자의 양은 대단히 적을 것입니다.

만약 C와 D 두 사슴쥐 집단이 사라지거나 멸종된다면 A와 B는 각각 새로운 종으로 분화해 나갈 것이며, 이는 새로운 종이 형성되는 과정을 보여 주는 것입니다. 사슴쥐의 경우는 그래도 쉬운 경우입니다. 많은 경우 생식적 격리가 있는지 없는지, 즉 교배가 가능한지 불가능한지를 확실히 알 수 없습니다.

유전적·표현 형질로 분류

　그래서 생물 종을 구분하는 또 다른 방법 중의 하나는 진화 생물학자들이 사용하는 방법입니다. 이들은 진화적 역사에 초점을 두고 하나의 계보에서 유래하는 개체의 집단으로 정의하여, 특정 집단 또는 계통에서만 발견되는 독특한 DNA 염기 배열 순서나 신체 구조 같은 유전적 형질과 표현 형질을 분류의 기준으로 삼습니다.

　그러나 이들 분류에서도 생식적 격리가 밝혀졌다면 종의 분류는 더 쉬워질 수 있고, 유전자풀이 달라질 가능성이 크므로 이는 종의 진화에 필수적인 요소라고 할 수 있습니다.

　생식적 격리가 이루어지기 위해서는 어떻게 되어야 할까요? 즉 두 집단의 유전자가 교류하지 않기 위해서 비슷한 두 집단 사이에서 교배가 일어나지 않으려면 어떻게 되어야 할까요?

　일단 두 집단 사이에서 교배가 일어나지 않게 될 수 있는 예를 한번 생각해 봅시다. 쉽게 생각할 수 있는 것은 지리적 격리입니다. 두 집단이 서로 교배할 수 있는 능력이 있다 할지라도 지리적으로 멀리 떨어져 있다면 이들 사이의 교배는 불가능하며 유전자의 교류도 없을 테고(유전자풀의 격리), 그

러면 원래 한 종이었던 두 집단은 다른 자연선택 과정에 놓이게 되어 새로운 종이 출현할 수 있을 것입니다.

다음 그림은 바로 이런 지리적 종 분화의 과정을 잘 보여줍니다. 그러나 분명한 것은 설혹 지리적 격리가 있다 해서 반드시 신종이 탄생하는 것은 아닙니다. 그 집단의 유전자풀이 변화해야 하고, 유전자풀이 변한 경우라도 생식적 격리가 일어나지 않았다면 종의 분화는 일어나지 않은 것입니다. 즉 지리적 격리는 종의 분화가 일어나기 쉽도록 하는 조건이지 지리적 격리에 의해 반드시 신종이 형성되는 것은 아닙니다.

신종이 나올 수 있는 또 다른 방법이 있습니다. 단 한 번의 돌연변이에 의해 돌연변이체와 어버이 종 간의 교배가 불가능하게 된다면 새로운 종이 출현할 수 있습니다. 이런 경우의 돌연변이는 식물에서 발견됩니다. 정상적으로 배우자를 형성한다면 감수 분열 결과 염색체 수가 모세포의 절반인 n개의 염색체를 가지는 생식 세포가 만들어져야 하지만, 식물은 대대로 감수 분열 동안 염색체가 제대로 나누어지지 않아 염색체 수가 n이 아닌 $2n$에 해당하는 염색체를 갖는 2배체의 생식 세포가 만들어질 수 있습니다. 여기서 염색체 수가 n, $2n$이라고 하는 것은 이런 의미입니다.

보통 정상적인 세포에는 모양과 크기가 같은 세포가 2개씩

들어 있는데(물론 각 세포마다 들어 있는 염색체의 수는 생물의 종마다 다르지요) 모양과 크기가 같은 염색체가 2개씩 들어 있다는 의미에서 모든 세포에는 2쌍의 염색체가 들어 있는 셈이 됩니다. 그래서 1쌍을 표시할 때 n, 모양과 크기가 같은 염색체가 2개씩 들어 있으면 2쌍 들어 있으므로 $2n$, 3쌍 들어 있으면 $3n$으로 표시하며 이를 각각 $2n$은 2배체, $3n$은 3배체라고 부릅니다. 만약 모양과 크기가 같은 염색체가 4개씩 들어 있다면 $4n$이므로 4배체가 되겠지요.

감수 분열은 대를 거듭해도 그 종의 염색체의 수가 늘지 않도록 생식 세포를 형성하면서 염색체의 수를 반으로 줄이는 분열이지요. 그래서 정상적인 세포라면 $2n$개의 염색체를 가진 세포가 감수 분열에 들어가 n개의 염색체를 가지는 생식 세포를 만들게 됩니다.

그런데 지금 내가 말하고자 하는 것은 이런 정상적인 경우가 아니고 감수 분열이 제대로 일어나지 않아 한 생식 세포 속으로 모든 염색체가 다 들어가 $2n$개의 염색체를 가지는 생식 세포가 만들어진 경우를 말하는 것입니다. 이런 일은 비정상적이긴 하지만 식물에서는 종종 일어나기도 합니다. 그래서 이렇게 형성된 2배체의 생식 세포가 수정하면 4배체가 만들어지게 되는데, 이 4배체가 다시 성장해서 자가 수분으로 성장할 수도 있습니다.

이 4배체 식물은 어버이인 2배체 식물과도 타가 수분이 가능합니다만, 이 수정으로 만들어지는 개체는 3배체가 되고 3배체의 접합자는 상동 염색체가 홀수이므로 감수 분열이 제대로 일어나지 않습니다. 왜냐하면 감수 분열은 짝이 맞는 것을 하나씩 나누어 주어야 하는데 2개이면 하나씩 나누어 줄 수 있지만 3개이면 염색체를 1.5로 나누는 방법이 없으므로 감수 분열이 제대로 진행되지 않는 것입니다. 그 결과 대개 정상적인 배우자를 형성하지 못합니다. 그러므로 4배체 식물이 만들어지면 원래의 어버이 식물과 교배되기가 어렵고, 이를 통해 유전자풀이 격리되어 단번에 새로운 종이 분화하게 되는 것입니다.

이런 식물의 배수체에 의한 종 분화는 1900년대 초 더프리스(Hugo de Vries, 1848~1935)에 의해 앵초에서 처음 발견된 후 많은 사례가 보고된 바 있습니다. 사실 이런 배수체는 반드시 한 어버이에서 형성되는 것만이 아니며 실제로 대부분의 배수체는 서로 다른 종의 어버이에서 생겨납니다. 식물학자들에 의하면 식물 중 20~25% 정도가 배수체라고 하며 우리가 재배하는 대부분의 작물 역시 배수체라고 합니다.

다음 페이지의 그림에서 보는 것처럼 우리가 주로 재배하

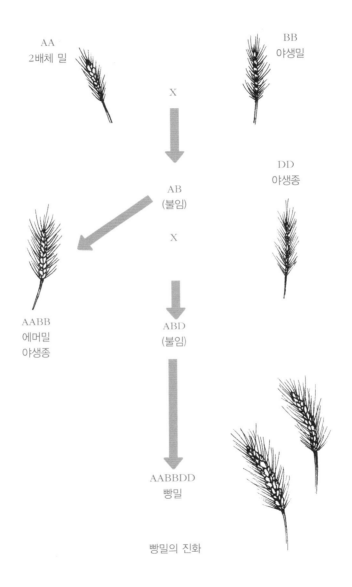

AA
2배체 밀

BB
야생밀

X

AB
(불임)

DD
야생종

X

AABB
에머밀
야생종

ABD
(불임)

AABBDD
빵밀

빵밀의 진화

는 빵밀(Triticum aestivum)도 4배체로서 그림과 같은 과정을 통해 진화한 것입니다. 그림에서 A, B, D 등의 대문자는 유전자형을 나타낸 것이 아니라 염색체 한 쌍을 표시한 것입니다. 즉 2배체 밀(AA)이 야생밀(BB)과 만나서 불임인 잡종 제1대(AB)가 만들어졌습니다. AB는 서로 다른 염색체가 만나서 형성된 것이므로 이들 사이에서는 상동 염색체 쌍이 없어 감수 분열이 제대로 일어나지 못하므로 불임이 됩니다.

그러나 이 잡종 제1대가 감수 분열이 제대로 일어나지 않아 2배체의 배우자가 형성되고, 이들 사이에 자가 수분이 일어나게 되면 잡종 제2대에서 AABB가 만들어지게 됩니다. 이렇게 만들어진 AABB는 상동 염색체를 쌍으로 가지므로 감수 분열이 정상적으로 일어나게 되어 새로운 종이 됩니다. 이 종이 바로 유라시아와 북미에서 주로 재배되는 에머밀(T. turgidum)입니다. 에머밀이 다시 야생종(DD)과 잡종을 형성한 ABD도 역시 불임입니다만, 이것이 다시 감수 분열이 제대로 일어나지 않고 생식 세포를 형성하여 이들 사이에 자가 수분이 일어나면 AABBDD의 염색체를 가지는 빵밀이 출현하게 되는 것입니다.

신종 형성의 또 다른 예는 미국의 캘리포니아와 네바다에 걸쳐 있는 죽음의 계곡에서 찾아볼 수 있습니다. 이곳은 약 5만 년 전에는 호수와 강이 많은 습지대였지만 점차 건조해져서 약 4천 년 전에는 사막으로 변했습니다. 이 지역에는 사막 여기저기에 흩어져 있는 연못이 몇 개 남아 있습니다. 이 연못에는 퍼피시(pupfish)라는 작은 물고기가 살고 있는데, 그중 어느 연못에는 세계 어느 곳에서도 전혀 발견되지 않는 독특한 퍼피시가 살고 있습니다.

이 독특한 물고기는 격리된 소집단에서 진화한 것이 분명하며 유전적 부동과 자연선택에 의해 수천 년이라는 짧은 시간 동안 새로운 종으로 분화한 것으로 판단됩니다.

이상의 예로 살펴볼 때 새로운 종의 형성에서 결정적인 과정은 어버이 종의 유전자풀이 2개의 유전자풀로 분리되는 것

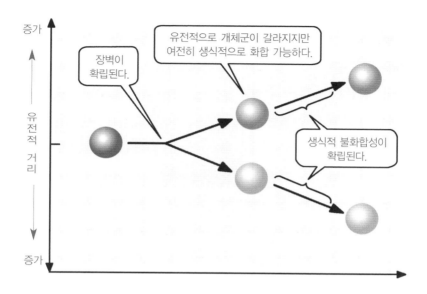

이라고 할 수 있습니다. 이 유전자풀의 분리에는 어떤 집단이 지리적 장벽에 의해서 나누어지는 경우도 생각해 볼 수 있고, 지리적으로 격리되지 않았다 할지라도 배수체를 형성하는 방법으로 유전자풀이 격리될 수 있습니다.

유전자풀이 분리된 후 각 집단에 각기 독립적으로 돌연변이, 유전적 부동, 자연선택 등이 작용하게 되면 집단의 유전자풀은 변화하고 이런 격리 동안 충분한 차이가 축적되면 두 집단은 다시 만나더라도 유전자를 교환하지 않게 되어, 즉 생식적으로 격리되어 새로운 종으로 탄생하는 것이 일반적인 종 분화의 과정이라고 할 것입니다.

어때요? 이제 진화론에 대해서 많이 알게 되었죠?

그렇긴 한데요, 사실 좀 뒤늦은 질문인지 모르겠지만 종이 정확히 뭘 말하는지 모르겠어요.

그리고 보니 나도 좀 아리송하네.

결론부터 말하자면 교배하여 번식력이 있는 자손을 낳을 수 있는 한 집단을 하나의 종이라고 해요. 사자와 호랑이를 교배했을 때 나오는 라이거는 후손을 낳을 수 없으므로 사자와 호랑이는 별개의 종인 것이죠.

아, 간단하네요.

사자 ━ 호랑이

라이거 (별개의 종)

꼭 그렇지만은 않아요. 문제는 모든 종을 그렇게 쉽게 정의할 수는 없다는 거예요. 가령 멸종된 종이나 무성 생식하는 생물은 분류하기가 어렵습니다. 이런 경우는 다른 분류 방법이 필요하죠.

또 유성 생식을 하고 멸종되지 않았는데도 한 종으로 정하기 어려운 경우도 있어요. 로키 산맥에 사는 4개의 사슴쥐 집단은 종 바로 아래 단계인 아종으로 분류되죠. 이들은 다른 사슴쥐와 사는 지역이 일부 겹치기도 하고, 상호 교배도 가능하지요. 그런 면에서 이들 사슴쥐는 한 종이라고 할 수 있습니다.

그럼 뭐가 문제죠?

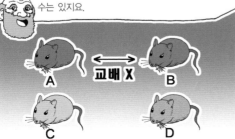

이들 4개의 종을 A, B, C, D라고 할 때, A와 B는 같은 지역에 살아도 절대 교배를 하지 않는다는 점입니다. 그렇지만 이들 유전자풀이 서로 격리되어 있는 것은 아니므로 간접적으로 유전자의 흐름이 있을 수는 있지요.

A 교배 X B

C D

그래서 생물 종을 구분하는 또 다른 방법 중의 하나는 특정 집단 또는 계통에서만 발견되는 독특한 DNA 염기 배열 순서나 신체 구조 같은 유전적 형질과 표현 형질을 분류 기준으로 삼기도 한답니다.

휴~, 생각보다 복잡한 문제네요.

자연 선택설을 제창한
다윈 Charles Robert Darwin, 1809~1882

"진화는 자연선택에 의해서 일어
난다."고 한 다윈이 태어난 1809년
은 '용불용설'을 주장한 라마르크가
진화에 대한 이론을 발표한 해이기
도 합니다.

다윈은 처음 에든버러 대학에서
의학을 공부했지만 중도에 포기하고 다시 케임브리지 대학
에서 신학을 공부하였습니다. 그렇지만 그는 신학보다는 자
연사에 더 관심이 많았습니다.

다윈은 1931년 해군 측량 탐사선인 비글 호의 박물학자로
5년 동안 세계 일주를 하는 기회가 생겼습니다. 이때 다윈은
식물과 동물을 관찰하고 채집하였으며 남미에 살고 있는 생
물의 독특한 적응 과정을 살필 수 있는 충분한 기회를 가지게

되었습니다.

특별히 갈라파고스 군도를 탐험했을 때, 그곳의 대부분의 동물 종이 동쪽으로 1,000km 정도 떨어진 남아메리카 본토의 동물과 유사하다는 것과 군도의 동물들이 섬에 따라 조금씩 다르다는 점을 깨달았습니다. 그는 이들 생물이 남아메리카의 본토에서 퍼져 각기 다른 섬에서 서로 다르게 적응하고 진화했다고 생각했습니다.

1836년 영국으로 돌아온 후 다윈은 비글 호 항해를 통한 관찰 결과를 바탕으로 종은 변하지 않는 것이 아니라 시간에 따라 변할 수 있고 변화를 만들어 내는 매체는 자연선택이라는 자연선택설을 창안하였습니다.

다윈은 1859년《자연 선택에 의한 종의 기원에 관하여》를 출간하여 세상 사람들에게 진화의 많은 증거를 제시하며 매우 논리적으로 주장했습니다. 동시에 진화가 자연선택으로 이루어진다고 설명하였습니다.

《종의 기원》이후에도 진화를 설명하는 다양한 진화설이 나왔지만, 자연선택설이 진화를 설명하는 가장 훌륭한 학설로 인정받고 있습니다.

과 학 연 대 표
언제, 무슨 일이?

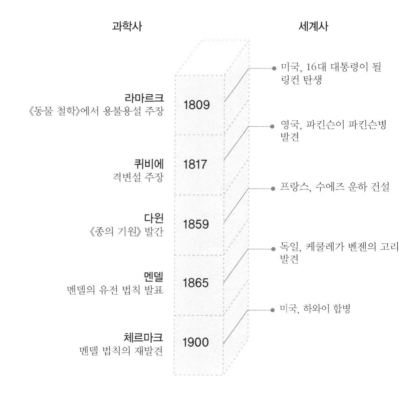

과학사   세계사

라마르크
《동물 철학》에서 용불용설 주장   **1809**

● 미국, 16대 대통령이 될
링컨 탄생

● 영국, 파킨슨이 파킨슨병
발견

퀴비에   **1817**
격변설 주장

● 프랑스, 수에즈 운하 건설

다윈   **1859**
《종의 기원》 발간

● 독일, 케쿨레가 벤젠의 고리
발견

멘델   **1865**
멘델의 유전 법칙 발표

● 미국, 하와이 합병

체르마크   **1900**
멘델 법칙의 재발견

1. 척추동물이 공통 조상에서 유래했다는 증거 중의 하나는 척추동물 모두 배 발생기에 목 옆에 □□□ □□□를 가진다는 것입니다.
2. 라마르크의 용불용설이 잘못된 까닭은 □□ □□의 유전을 인정했기 때문입니다.
3. 진화란 성숙이나 변태와 같은 개체의 변화가 아니라 □□□의 변화입니다.
4. 유전자풀에서 각각의 대립 유전자가 차지하는 비율은 다른 요인이 작용하지 않는 한 일정합니다. 이를 간단한 수식으로 증명한 사람의 이름을 따서 □□ – □□□□□의 법칙이라고 합니다.
5. 종의 형성의 결정적인 과정은 어버이 종의 유전자풀이 2개의 유전자풀로 분리되는 것이라고 할 수 있습니다. 이 유전자풀이 분리될 수 있는 방법에는 □□□ □□ 또는 □□□의 □□이 있습니다.

정답 1. 아가미 주머니 2. 후천 형질 3. 유전자 4. 하디, 바인베르크 5. 지리적 격리, 생식적 격리

"뭍으로 올라온 물고기"

"3억 8천만 년 전 화석 발견!"

물고기가 3억 8천만 년 전부터 육상 동물로 진화한 과정을 보여주는 화석이 2006년에 처음으로 발견되었습니다. 이 사실은 영국의 과학 전문 잡지 〈네이처〉에 보도되었습니다.

미국 시카고 대학 등 공동 연구팀은 북극에서 1,000km쯤 떨어진 캐나다 북극 지방의 엘스미어 섬에서 물고기와 육상 동물의 중간 단계인 동물의 화석을 발굴했습니다.

악어와 닮은 이 동물은 '해부학적 관점으로 미루어 볼 때 어류와 육상 동물의 경계를 흐리게 하는 종(種)' 이라는 의미에서 '틱타알릭(Tiktaalik)'으로 명명되었습니다. 이 화석들은 두개골과 목, 갈빗대 그리고 네발 동물에서 볼 수 있는 네발 골격도 갖추고 있는 한편, 원시 단계 어류의 턱과 지느러미, 비늘도 동시에 갖추고 있다고 합니다.

　이 동물은 원래 물속에서 헤엄치며 살다가, 다리 구실을 하는 지느러미를 이용해 점차 땅 위로 올라와 네발 동물로 진화한 것으로 보인다고 합니다.

　길이가 작은 것은 약 122cm, 가장 큰 것은 약 274cm에 달하며 거의가 제 형태를 그대로 보존한 채로 발견되었습니다.